潘鸿生◎编著

做一个内心强大、淡定优雅的智慧女人

北京工业大学出版社

图书在版编目（CIP）数据

做一个内心强大、淡定优雅的智慧女人／潘鸿生编著．—北京：北京工业大学出版社，2017.9（2022.3 重印）
ISBN 978-7-5639-5231-1

Ⅰ．①做… Ⅱ．①潘… Ⅲ．①女性－修养－通俗读物 Ⅳ．① B825.5-49

中国版本图书馆 CIP 数据核字（2017）第 188475 号

做一个内心强大、淡定优雅的智慧女人

编　　著：潘鸿生
责任编辑：贺　帆
封面设计：胡椒书衣
出版发行：北京工业大学出版社
　　　　　（北京市朝阳区平乐园 100 号　邮编：100124）
　　　　　010-67391722（传真）　　bgdcbs@sina.com
经销单位：全国各地新华书店
承印单位：唐山市铭诚印刷有限公司
开　　本：787 毫米 ×1092 毫米　1/16
印　　张：14
字　　数：180 千字
版　　次：2017 年 9 月第 1 版
印　　次：2022 年 3 月第 3 次印刷
标准书号：ISBN 978-7-5639-5231-1
定　　价：39.80 元

前　言

　　我们无法选择生命的起点，但我们却需要慎重把握生命的轨迹。每个女人都渴望美丽、幸福和快乐，而女人的一生中唯一不会褪色的美丽是优雅，唯一能让女人品尝出幸福的心态是淡定，唯一能让女人快乐的理由是真正强大的内心。

　　内心的强大，是女人一生幸福和成功的终极秘密。内心强大的女人，懂得去寻找快乐，并放大快乐来驱散愁云，她不会为自己和他人设置心灵障碍，不会让琐碎的小事杂陈心头，她会定期消除心里的垃圾，在失落、悲伤、打击和孤独中能够迅速让自己坚韧起来，还会传达给周围的人一种快乐的气氛，让整个世界都豁然开朗。内心强大的女人，总是渴望独立，渴望体会成功带来的喜悦。不管生活给她施加了多少压力，那颗坚强的心都会发自内心地热爱生活、热爱生命。内心强大的女人，她的思想是很丰富的。无论有多少人误解她，无论世俗对她有何种偏见，她都不会轻易去改变自己，因为她的内心存在一个完美的世界。对于人生，她有自己独特的看法，有自己坚定的信念。当然，这种信念并不是口头上的，而是发自内心深处的。即使身处逆境，她的内心也是平和的、自信的，这便是女人

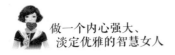
魅力的另一种体现。

淡定是女人最好的姿态。一个淡定的女人，无论外界风起云涌、世事变迁，她总会保有一份历尽沧桑却依然随遇而安的美丽。那份淡定若水的神韵，不争不抢，不浮不躁；那一份不温不火的淡定，不多不少，不惊不喜；她不计较、不较真，又不失本色；不放弃、不苛求，又不失原则；疼爱人、疼爱家，也疼爱自己。她的内心是柔软的，不畏惧那些飓风一般的力量，也不会选择心灵的颓废，不会消极遁世，也不会浑浑噩噩地挥霍人生。这种带着自信的平静和安稳，让女人在淡淡的状态里，体现出一种完美的成熟。

优雅是女人最美丽的外衣。一个优雅的女人，她也许没有靓丽的外表，也许没有婀娜的身姿，却有着温婉的笑容、宁静的气质、不俗的谈吐、不凡的才华、美好的品质，让人愿意与之接近，让人的心门为之敞开。她时刻以微笑示人，一颦一笑都透露出清新而美妙的气息。她注重礼节，待人友善，带给人阳光般的温暖。她相信"腹有诗书气自华"，在闲暇的时光中博览群书，让自己满腹书卷气。她即使衣着朴素，也显得优雅从容。她有着超然物外的气度，内涵丰富，胸有成竹。

做个内心强大、淡定优雅的智慧女人不是遥不可及的梦，每个女人都具备这样的潜能，只是需要经过漫长的积累，需要不断地学习。本书以简明流畅的语言，通过理论与案例相结合的风格，从多方面对主题进行了生动地阐述。但愿这本书能帮助女人优雅地行走在蜿蜒曲折的生活路上，开启一个崭新的人生。

目　录

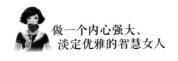
第三章　逆风飞扬，风轻云淡笑对困境

第四章　独立自主，活出女人独有的精彩

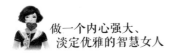
第七章　气雅若兰，用优雅的言谈举止提升个人气质

第八章　内外兼修，优雅要从内而外散发魅力

第一章　以柔克刚，
对抗世间所有的强硬

我就是我，是颜色不一样的烟火

其实，每个人都有自己的风格和特点，只有自然的东西才具有个性，才能与众不同，才具有强烈的吸引力。每一个人都是一个独立的存在，生来就和别人不一样，所以，你根本没有必要硬把自己纳入什么模式当中。

身为女性，如果你只是为了吸引别人而忽视自身的一切，那么你就会在别人眼里丧失自己的风格，变得透明而没存在感。坚持做最真实的自己，保持属于你自己的个性，因为那是你心灵的至宝，亦是你终身的财富，那样的你才会在别人眼里散发长久的魅力。个性是一个女人美丽的资本，如果一个女人失去了个性，即使她有沉鱼落雁之姿、闭月羞花之貌，也只能成为人们眼中的花瓶，就像一壶泡了很久的茶，让人觉得索然无味。

苔丝从小就特别敏感而腼腆，她的身体一直太胖，而她的一张脸使她看起来比实际还胖得多。苔丝有一个很古板的母亲，她认为把衣服弄得漂亮是一件很愚蠢的事情。她总是对苔丝说："宽衣好穿，窄衣易破。"并且总照这句话来帮苔丝穿衣服。所以，苔丝从来不和其他的孩子一起做室外活动，甚至不上体育课。她非常害羞，觉得自己和其他的人都"不一样"，完全不讨人喜欢。

长大之后，苔丝嫁给一个比她大好几岁的男人，可是她并没有改变。她丈夫一家人都很好，也充满了自信。苔丝尽最大的努力要像他们一样，可是她做不到。他们为了使苔丝能开朗地做每一件事情，都尽量不纠正她的自卑心理，这样反而使她更加退缩。苔丝变得紧张不安，躲开了所有的朋友，情形坏到她甚至怕听到门铃响。苔丝知道

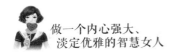
自己是一个失败者，又怕她的丈夫会发现这一点。所以每次他们出现在公共场合的时候，她假装很开心，结果却常常做得太过。事后苔丝会为此难过好几天，最后不开心到使她觉得再活下去也没有什么意思了，苔丝开始想自杀。

后来，是什么改变了这个不快乐的女人的生活呢？只是他人一句随口说出的话。他人随口说的一句话，改变了苔丝的整个人生。有一天，苔丝的婆婆正在谈她怎么教养她的几个孩子，她说："不管事情怎么样，我总会要求他们保持本色。"

"保持本色！"就是这句话！在那一瞬间，苔丝才发现自己之所以那么苦恼，就是因为她一直在试着让自己适合于一个并不适合自己的模式。

苔丝后来回忆道："在一夜之间我整个人都改变了，我开始保持本色。我试着研究我自己的个性、优点，尽我所能去学色彩和服饰知识，尽量以适合我的方式去穿衣服。我主动地去交朋友，我参加了一个社团组织——起先是一个很小的社团——他们让我参加活动，我吓坏了。可是我每发一次言，就增加了一点勇气。这一天我所有的快乐，是我从来没有想到可能得到的。在教养我自己的孩子时，我也总是把我从痛苦的经验中所学到的结果教给他们：'不管事情怎么样，总要保持本色。'"

在女人成功的经验之中，坚守自己的个性及以自身的创造性去赢得一片新天地，是有意义的。

美丽的真正体现在于个性。只有具有与众不同的个性才能展示出真正的自我。世界上没有两片完全相同的树叶，也没有完全相同的两个人。你就是你，你不是别人，别人也不会成为你。个性就是特点，特点就是优势，优势就是力量，力量就是美。

为了模仿她人而削足适履，对于每个女人来说都是不值得的。爱默生在散文《自恃》中写道："每个人在受教育的过程当中，都会有段时间确信：嫉妒是愚昧的，模仿只会毁了自己；每个人的好与坏，都是自身的一部分；纵使宇宙间充满了好东西，不努力你什么也得不到；你内在的力量是独一无二的，只有你知道自己能做什么，但是除非你真的去做，否则连你也不知道自己真的能做。"每个人生来就是独一无二的，模仿别人，便是扼杀自己。不论好坏，你都必须保持本色，你的本色是自然界的一种奇迹，也是上苍给你的最好的恩赐。

　　李丽是个平凡的女孩。她读书的时候成绩不上不下，相貌平平，个子也不高，穿着打扮也从不出格，说起来就是那种多年后同学聚会时大家总是想不起来她叫什么名字的那个人。

　　李丽也深知自己的平凡，觉得自己没什么优点和长处，做事情总是小心翼翼、十分保守，还尽量少惹人注意。也不知道是这种处事方法让李丽越来越平凡，还是越来越平凡让李丽越来越注意低调行事，大概这已经形成了一个恶性循环了吧。

　　工作三年了，李丽在自己的岗位上兢兢业业，认真完成上司交代的每一份工作。虽然每年绩效评估的时候并不出类拔萃，但总归是个让上司毫无微词的员工。在公司里，有个十分让李丽崇拜的人，那就是李丽的组长张楠。张楠只比李丽大一岁，但是工作起来大胆泼辣，对待下属也以严厉著称，私底下大家都叫她"母老虎"。也正是因为张楠严厉激进的作风，组里十几个人被管理得井井有条，他们对工作丝毫不敢怠慢，业绩总是部门里最好的。每每看到张楠据理力争把客户说得心服口服的样子，李丽都感到由衷地钦佩，甚至无数次趴在办公桌上幻想自己和张楠一样英姿飒爽、叱咤职场。

　　机会总是来得出人意料，张楠离职了，上司提拔李丽当组长。李丽十分紧张，觉得自己不像张楠那样优秀、有魄力，承担不起这个责任。所以，怎么担当这个不算大的组织者角色，着实让李丽好几个晚

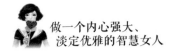
上没睡好。后来同事们看到了一个完全不一样的李丽，说话不再像以前那样温和，态度也强硬起来，处理工作也不像以前那样按部就班，而是更有决断。应该说，同事们看到了一个张楠版本的李丽。办公室里议论纷纷，说李丽这个人平时老老实实，想不到一有点小权就开始耍官腔，而且李丽的大胆决策，也并没得到惊人的效果。于是不服的不服，不满的不满，组里一片混乱。

"李丽，你最近状态不大对呀。"上司看出情况不对，找来李丽谈话，李丽把自己的想法说了出来，上司就笑了。

"张楠在这个职位上做得是比较好，但你和她不一样，不一定只有她的做法才是好的，你应该有你自己的做法啊！我让你当组长，是看到你做事考虑周全，和同事关系相处融洽，这是你的优势，你和张楠是不同的，你回去好好思考下吧。"

李丽回去想了一晚上，反省了自己的做法。第二天早上，李丽像往常一样和同事们亲切地打着招呼，和同事打成一片，处理事务也像以前一样考虑周全、稳扎稳打。没过多久，组里就呈现出一派和张楠任组长时完全不同的景象：大家其乐融融、齐心协力，业绩自然开始稳步增长。

李丽差点迷失了自己导致工作不顺，不过幸好在上司的提醒下看清了自己的优势，才顺利地担任了组长的职位。

成功者走过的路，通常都不适合其他人跟着重新再走。在每个成功者的背后，都有自己独特的、不能为别人所仿效和重复的经历。与其一味地模仿别人，还不如充分利用自己的优势，让别人来羡慕你。保持自己的本色，在顺其自然中充分发展自己才是最明智的。

女人只有坚持自己的特点，坚守自己的个性，发挥自己的优势，相信"天生我材必有用"，才能真正脱颖而出，有所作为。这是女人通往成功之路的一条捷径，也是有女人内心强大的一种表现。

善待自己的缺点，学会接纳自己

对女人来说，内心强大的标志之一是"喜欢自己"，当然，这并不意味着"充满私欲"的自我满足，也不是自以为是，而是冷静、客观地接受自己，并怀着自尊心和人类的尊严感接受自己。著名作家罗曼·罗兰说过："假如一个女孩相信自己有吸引力，那么我们便会相信她，并被她吸引。"所以，女人要学会面对真实的自己，肯定自己，要相信，幸福生活是从接受自己的容貌、发掘自己的长相优势开始的。

有一个名叫小雅的女孩，她有一项出色的本事：在拥挤嘈杂的环境中，她能够仅凭自己的眼睛、站姿和微笑吸引住每个人的目光。她想做什么就能做到什么，想与哪个男孩约会就能与哪个男孩约会。她凭借自信而充满活力的美好形象将每一个有好感的人吸引到自己身边。

很多比她漂亮的女孩都不服气，有人还刻薄地说："那些男孩到底看上她什么了？她长得这么难看！单眼皮，小眼睛。凭什么呀！"的确，小雅并不属于天生丽质的那类女孩，尤其是她长了一双典型的单眼皮眼睛，这让她在一群明眸善睐的漂亮女孩中相形见绌。

有一阵子，全世界的单眼皮女孩都如火如荼地将单眼皮割成双眼皮，有人劝小雅说："去割个双眼皮吧，你会更漂亮的。"小雅听了不为所动，她根本不想加入这个疯狂的队伍之中。她觉得自己的单眼皮很漂亮，很独特，也很适合自己的脸型和性格，关键是如何让自己的单眼皮更吸引人，为此，她用心关注单眼皮女孩的化妆技巧，努力

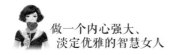
保持天然本色。久而久之，她的眼睛有了一种独特的神韵。

此外，小雅还非常注重个人的外表修饰，言谈举止的优雅得体，那些和小雅相处过的男孩无一例外地发现，一旦他们与小雅相处久一点，很快就会被小雅征服，她的举手投足之间，散发出的魅力令他们深深着迷。"尤其是她那双单眼皮眼睛，在那么多大眼美女中，太不一般了。"一个追小雅的男孩这么说。

没有一个男人不喜欢漂亮的女孩，可漂亮的相貌和身材能吸引目光，却不能保证让目光永远停留。在小雅看来，与其花一笔钱、忍受痛苦割个双眼皮，把自己变成大众型美女，不如好好"经营"自己的独特之处，让单眼皮大放异彩。在双眼皮大行其道的世界里，她完全可以凭着天生的单眼皮独领风骚，这不，她做到了。

学会接纳自己，接纳自己的缺陷，真诚地喜欢自己，喜欢自己的不完美，喜欢自己的个性。你会发现，你不仅拥有美好的生活和人生，而且还会获得更多的魅力。

世界永远存在缺陷，我们的个人也难免会有缺陷。缺陷人人会有，关键在于我们如何去对待它。我们只有接受缺陷才能够得到更完美的人生。我们要学会欣赏自己的不完美，学会利用缺陷，将它转化成成功的有利条件。正视缺陷，它将激发出我们更大的创造力和激情。

俗话说："金无足赤，人无完人。"也就是说任何人和事都不可能尽善尽美。我们只有正确地看待自身的优缺点，才能扬长避短。

对一个女人来说，能够正视自己的缺陷，不仅是一种内心强大的表现，更是一种智慧的体现。只有缺乏自信心的人才不敢面对自己的缺陷。正所谓"尺有所短，寸有所长""人无完人，白璧微瑕"，世上没有绝对完美的事物。就连号称中国古代四大美女的西施、貂蝉、王昭君和杨玉环也都有各自的缺陷和不足。例如杨玉环有狐臭，西施体弱多病。但是她们不但知道自己的缺陷，而且还懂得从其他方面来弥补。杨玉环制作了花露水，西施皱眉抚胸的样子更是被世人称美。我们可以没有大海的壮阔，但可以拥有小溪的优雅；我们可以没有大树的高大，但可以拥有小草的坚韧；我们可以没有蓝天的辽阔，但可以拥有白云的飘逸。我们可以通过自己的努力来获得自己想要的东西，有不足之处意味着我们还可以继续努力。

生命的本质是快乐的，如同绽放的鲜花、激荡的歌曲、迷人的芳香。女人应该善于发现生命的意义，走进自己的内心。人们常说："爱你爱的人如同爱你自己，假使你不爱自己，又怎么会爱别人呢？"

女人要学会爱自己，不要怨恨自己，柔软地、温和地关怀自己，学会原谅自己。印度的奥修说："学习如何原谅自己，不要太无情，不要反对自己，那么你会像一朵花，在开放的过程中，将吸引别的花朵。石头吸引石头，花朵吸引花朵，如此一来，会有一种优雅的、美妙的、充满祝福的关系存在，如果你能够寻得这样的关系，那将升华为虔诚的祈祷、极致的喜乐，透过这样的爱，你将体会到神性。"

认识到自己的潜能和优势

想要变得内心强大，首先要从认识你自己开始，要明白自己对自己的期望，为自己的人生而生活。是的，人要做自己的主人。你有责任成为你自己，是真正的你，而不是某某人，所以我们一定要做自己的主人，成为真正的自己。

但是在现实生活中，很多人都不是自己的主人，他们不认识自己，不知道自己是谁、自己要的是什么，所以常常很盲目地跟随潮流走，人家说什么他就做什么，自然会感到无奈。

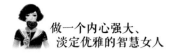
如果你不认识你自己，那么你无法做自己的主人。只有清楚地认识自己，才会明白自己需要什么，才会知道自己能做什么，才能把握自我，完善自我。

一个女人一旦认识到自己的潜能和优势，那就不会只是羡慕别人，总是感到自己不如别人了。因而我们可以把不再羡慕别人看作重新认识自我和依靠自己奋斗的标志。

一个女人在自己的生活经历中，在自己所处的社会境遇中，如何认识自我，如何描绘自我形象，也就是说认为自己是个什么样的人，期望自己成为什么样的人，这是至关重要的人生课题，将在很大程度上决定自己的命运。成功心理学的核心观点就是人人都有巨大的潜能，人人都可以取得成功。

有一个人因自己开办的企业倒闭、负债累累，于是离开妻儿到处流浪。他无法面对残酷的现实，心里沮丧透了。

这天，他决定去神父那里做一次忏悔后，就跳河自杀。在神父面前，他流着泪，将自己如何破产、如何流浪生活给神父细细地说了一遍。

神父望着他，沉默了一会儿说："我对你的遭遇深表同情，也希望我能对你有所帮助，但事实上，我也没有能力帮助你。"

他的希望像泡沫一样一下子全部破碎了，他脸色苍白，喃喃自语："难道我真的没有出路了吗？"

神父考虑了一下说："虽然我没办法帮助你，但我可以介绍你去见一个人，他可以协助你东山再起。"

神父刚说完，他立刻跳了起来，抓住神父的手，说道："看在上帝的分上，请带我去见这个人。"

他会为了"上帝的分上"而做此要求，显示他心中仍然存在着一丝希望。所以，神父拉着他的手，带领他来到一面大镜子前，然后用手指着镜子中的他说："我介绍的就是这个人。在这个世界上，只有这个人能够使你东山再起，你必须首先认识这个人，然后才能下决心如何做。在你对自己进行充分的剖析之前，你不过是一个没有任何价值的废物。"

他朝着镜子走了几步，用手摸摸他长满胡须的脸孔，对着镜子里的人从头到脚打量了几分钟，然后后退几步，低下头，开始哭泣起来。

几天后，神父在街上碰到了这个人，他从头到脚几乎是换了一个人，步伐轻快有力，双目坚定有神，他说："我终于知道我应该怎么做了，是你让我重新认识了自己，把真正的我指点给我了，我已经找了一份不错的工作，我相信，这是我成功的起点。"。

后来，那个人真的东山再起，成为芝加哥的富翁。

人人都有巨大的潜能，人人都能走向成功。只要你抬起头来，新的生活就在前方！

作为女人，你可能渺小，也可能伟大，这取决于你对自己的认识和评价，取决于你的心理态度如何，取决于你能否靠自己去奋斗。说到底，还是取决于你对自己究竟是怎么看的，是自信，还是自卑。在人生的道路上，我们只有全面深刻地了解自我，找准自己在现实环境中的位置，才能创造成功的人生。

自信是女人最好的装饰品

女人是一道美丽的风景，虽然不同的时期，人们对女人的美丽有着不同的标准，但不论何时何地，从容自信的女人最美丽。

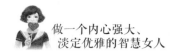
自信是女人魅力的体现，也是女人的幸福资本。古龙说过一句话："自信是女人最好的装饰品。一个没有信心、没有希望的女人，就算她长得不难看，也绝不会有那种令人心动的吸引力。"自信对女人的重要性可见一斑。自信的女人最有魅力，因为只有相信自己，别人才会被你吸引。

有一对双胞胎姐妹，长得一模一样，还穿一样的衣服、梳同样的发型，如果她们不说话，你根本就分不出谁是谁。但邻居们仍然一眼就能辨别出谁是姐姐，谁是妹妹。原因就在于，姐妹俩性格截然相反。姐姐从小就活泼好动，妹妹从小就胆小怕事。由于妹妹身体比较弱，父母的照顾和姐姐的谦让，让她从小就养成了依赖别人的习惯。

姐姐越强，妹妹就越弱，从小到大，妹妹听到的都是别人称赞姐姐的声音，那种不如姐姐的心理让她很自卑。她们一天天长大，性格上的差距也越来越大，两人的命运也发生了变化。大学毕业后，她们进入了同一家房地产公司做销售员。在公司，姐姐的脸上总是带着自信的微笑，她微笑着面对上司交给她的每一项工作，她微笑着面对客户的百般挑剔，即使她被同事误解，她也微笑着去解释。

自信使姐姐在为人处世上从容大度，让人感到她和蔼可亲、令人信任。她的自信让每个人都很欣赏她。两年后，姐姐就被提升为销售部经理。

妹妹却因为从小就很自卑，心理素质远不如姐姐好，每次例会做工作报告都会紧张到音颤；跟同事们也不知道如何相处，每次大家都在热烈地讨论，唯有她默不作声；面对挑剔的客户她也只会着急，不知道如何应对。最终，妹妹被公司解雇了。

当一个女人带着满脸的自信走来时，任谁都无法抗拒她的魅力。女人不要怀疑自己不美丽，自信就是女人的魅力。自信的女人，是一幅令人赏心悦目的旖旎画卷，她们既有迷人的风韵，又有惊人的魄力。对这样的女人而言，人生不是等待而是创造，命运从来都掌握在她们自己手中。因而，在角逐人生、实现自我的竞技场上，她们善于进行自我推销、自我展现，赢得人生机遇的概率是常人的数倍。

这个世界是由自信心创造出来的。充分的自信，是女人走上美丽之旅的一个重要条件。自信的女人，不一定天姿国色，不一定闭月羞花，甚至可能相貌平平，但是因为那份自信，她们瞬间便变得光彩照人，变得淡雅高贵，因而，无论在哪个场合，她们都是最耀眼的焦点，而且永远不会因为容颜的衰老而失去魅力。

　　一个叫茉丽的女孩，喜欢上邻家男孩安迪。可是茉丽一直觉得自己长得普通，不善言谈，而安迪高大帅气，又有一份体面的工作，未必会喜欢自己。因为这份自卑心理，茉丽一直没有向安迪表白。

　　一次，茉丽好不容易才鼓起勇气约安迪去看电影，安迪却深为影片中的女主角的美貌而倾倒，看得相当入迷。

　　看完电影，茉丽问安迪，"你为什么看得如此入迷？"安迪随口答道："女主角的发夹真漂亮！"茉丽听了，记在心里。

　　几天后，茉丽在商场里看到了同样的发夹。她将发夹戴在头发上，在镜子里照了照，非常漂亮，但是这只发夹的价格不菲。茉丽犹豫再三，想起安迪看女主角时的痴迷样，还是狠了狠心买了一个。

　　茉丽交了钱，拿了发夹，把它戴在头上，高高兴兴地去找安迪。她边走边想：我戴了美丽的发夹，该多好看呀！像那部电影中的女主角一样！安迪肯定会喜欢我的……她越想越美，脸上洋溢着快乐的微笑。一路上，不少路人回头看她，有的还轻声说："真漂亮！"茉丽也非常高兴地和熟悉的人打招呼。

　　茉丽来到安迪家里，安迪正低头看书。他抬头见到茉丽，惊喜地叫道："茉丽，你今天真漂亮！"然后很亲切地和茉丽说话。这让茉

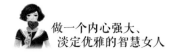
丽很惊喜，她想，原来那只发夹有这么大的魔力。

下午，茉丽回到家，却发现桌子上放着一只和自己那只一模一样的发夹，发夹下还压着一张纸，上面写着："姑娘，你走得太匆忙，转身时发夹掉在地上了。"

茉丽这才知道，自己整整一天都没有戴发夹。

原本自卑的茉丽重新焕发出属于女孩的光彩，并得到了梦寐以求的爱情，这就是自信的力量。

自信是一种精神状态，它让人的内心饱满充盈、富有活力，同时让人的外表光彩逼人、洋溢魅力。正所谓水因怀珠而媚，山因蕴玉而辉，女人因自信而美。自信的女人从容大度，舒卷自如，双目中能投射出安详坚定的闪亮光芒。

一个女人美丽与否，不是因为外在的容貌，关键在于她的心中有没有自信。自信不像容貌是天生造就的，自信是后天培养出来的，是在孜孜不倦地追求生命的最高质量和境界中，用内在的灵感和魅力去拥抱和欣赏自己的生活而自然形成的。不论在什么场合，一个女人如果能谈笑风生、落落大方、衣着得体、动作恰到好处，定能在众多美女中脱颖而出，成为人们眼里的一道风景线。

对女人来说，自信不是任性，不是自作聪明，也不是自以为是，而是对自我能力、自我价值的积极肯定。自信让女人既不会盲目自卑，也不会盲目自大。自信的女人光彩照人，落落大方，灿烂的笑里会有一股高贵的气息，让人仰慕的同时又有些敬畏。自信的女人就像一缕春风，给别人带来轻松愉悦。

以下是帮助女性朋友建立自信的几种方法：

1. 正确看待自己的优缺点

信心不足的人总是看到自己的缺点，而很少看到自己的优点，总喜欢用自己的缺点与别人的长处相比较，常常导致情绪低落、自信心缺乏。

其实，我们不需要为自己的不足而整天自责，我们要相信"天生我材必有用"，即使自己因失败而陷入自责，也请你提醒自己，换一个角度看问题，把它变成表扬。心理学家告诉我们，做自己的伯乐，善于发现自己的优点，及时激励自己，你的自信心一定会大增。

2．独自完成一件事情

依赖他人是缺乏自信的表现。从现在开始，有你尝试独自完成一件事情，例如独自出去吃饭、独自参加一个自己不熟悉的领域的课程，你会发现其实一切都很简单。

3．学会自我激励

人的自信是一种内在的东西，需要由你个人来把握和证实。所以，在建立自信的过程中，你一定要学会自我激励。自我激励，就是要给自己一个习惯性的思想意念。别人能行，相信自己也能行；其他人能做到的事，相信自己也能做到。平时要经常激励自己："我行，我能行，我一定能行。""我是最好的，我是最棒的。"特别是当你遇到困难时要反复激励告诫自己。这样，就会通过自我积极的暗示机制，鼓舞自己的斗志，增加自己的心理力量，使自己逐渐树立起自信心。

4．睁大眼睛，正视别人

不敢正视别人，意味着自卑、胆怯、恐惧；躲避别人的眼神则反折射出阴暗、不坦荡心态。正视别人等于告诉对方："我是诚实的，光明正大的；我非常尊重你。"因此，正视别人，是积极心态的反映，是自信的象征，更是个人魅力的展示。

5．提升自己的外在形象

俗话说"人靠衣着马靠鞍"，一身光彩的衣着，是你建立自信的基础。例如，一袭长裙会使得一个女性的举手投足都显得亮丽、迷人。因此，漂亮的仪表能够得到别人的夸奖和好评，提高人的精神风貌和自信心。所以，女性朋友平时要学会多注意自己的仪表，保持发型美观，衣着整洁、大方。当你的仪表得到别人的夸赞时，你的自信心一定会油然

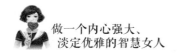
而生。

6．轻易不要放弃

信心是在不断地努力、不断地进步中逐步建立的，中途放弃、半道而废，是造成我们缺乏自信的重要原因。所以，凡是我们认为应该做而且已经着手做了的事情，就不要轻言放弃。

7．加快你走路的步伐

心理学家认为，改变一个人的走路姿势与速度，可以改变人的心理状态。你若仔细观察就会发现，身体的动作是心灵活动的结果。那些遭受打击、被排斥的人，走路拖拖拉拉，完全没有自信心。普通人有"普通人"走路的模样，表现出"我并不怎么以自己为荣"的表白。另一种人则表现出超凡的信心，走起路来比一般人快，像跑。他们的步伐告诉整个世界："我要到一个重要的地方，去做很重要的事情，更重要的是，我会在15分钟内成功。"使用这种"走快25%"的技术，抬头挺胸走快一点，你就会感到自信心在成长。

8．练习当众发言

拿破仑·希尔曾说过，有很多思路敏锐、天资高的人，却无法发挥他们的长处参与讨论。并不是他们不想参与，而只是因为他们缺少信心。所以不论是参加什么性质的会议，每次都要主动发言。也许是评论，也许是建议或提问题，都不要有例外。而且，不要最后才发言。要做破冰船，第一个打破沉默。也不要担心你会显得很愚蠢，不会的，因为总会有人同意你的见解。记住：多发言，这是信心的"维生素"。

总之，一个女人外表可以不漂亮，但是一定不能缺乏自信。外表不漂亮，你只失去了三分之一的魅力，但是若失去了自信，你就等于丧失了全部的魅力。自信，是女人走向美丽、成功、幸福的加油站。

宽容和爱是真正有智慧的处事方式

常言道："海阔不如心宽，地厚不如德厚。"宽容，是一种美德，对女人至关重要，有了它，女人才能在生命的旅程中从容不迫、处变不惊，才能面对生活的不公、人世的坎坷。

苏姗已经76岁了，她做梦也没有想到，在她孤零零地一个人度过了40年的时光后，还有机会幸福地享受人世间最为美好的天伦之乐。

苏姗曾经有一个儿子小约翰，可是在他17岁那年，由于一次意外，被一群游荡社会的不良少年乱刀砍死了。在那段时间里，她很悲伤，整天心中都充满了仇恨，每一次看到那些衣着不整、叼着烟卷串街走巷、狂歌猛喊，甚至脏话连篇的少年，她都有冲过去想撕烂他们的冲动，这让她陷入了更深的痛苦旋涡中。

后来，在一次"拯救灵魂"的公益活动中，她遇见了杰明斯，那时他已是一个老得几乎走不动路的老牧师了。杰明斯看到眼光忧郁的苏姗后，便颤颤巍巍地向她走了过来，并对她说："你的事情我都听说了，仅凭怨恨是解决不了问题的，而且你知道吗？这些孩子也非常可怜，因为父母过早地抛弃了他们，社会也用有色的眼睛看待他们，他们多数人从出生的那天起便没有感受到什么是温情，更不知道什么是爱！"

苏姗愤愤地说："可是，他们夺走了我的儿子！"

"那也许是个意外，放下这些怨恨吧，如果你愿意，也许他们都会成为您的小约翰的！"杰明斯说道。

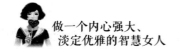
苏姗听从杰明斯的建议，参加了"拯救灵魂"的组织。她每个月都要抽出两天时间去附近的一家少年犯罪中心，试着接近这些曾经让她深恶痛绝的不良少年。起初她非常不自在，可通过一段时间的交流后，她发现，这些孩子确实不像他们所表现的那样坏，他们渴望爱，渴望温情，有时甚至渴望叫谁一声"妈妈"。

于是苏姗像这个组织的其他成员一样，认领了其中的两个黑人孩子作为自己的孩子。每个月她都要带上自己最拿手的食物去看他们两次。就这样，两年过去，当她的这两个孩子出去之后，她又认领了两个……就这样她一直认领了二十几个孩子。他们每个人都从她那里得到了一种胜似母爱的情感，而她也从这些孩子们的身上找到了自己儿子的影子。他们从这里出去重新回到社会后，也从没有间断过与苏姗的联系，他们会定期地到家里来看望她，帮她做家务，然后与她一起共进早餐、看电视……

苏姗说："我从没有像现在这样幸福过！"她不但用她的爱心挽救了这些孩子，更找到了她的天伦之乐。

在对待怨恨时，不同的人有着不同的处理方式。而最好的方式莫过于用宽容和爱让这种不满的情绪终结，而不是将其无尽地传递下去。

宽容是思想境界的极高升华，是一种博大的境界。表面上看，它只是一种放弃报复的决定，这种观点似乎有些消极，但真正的宽容却是一种需要巨大精神力量支持的积极行为。正如斯宾诺莎所说："心不是靠武力征服的，而是靠爱和宽容大度征服的。"

宽容的伟大来自于强大的内心。宽容无法强迫，真正的宽容总是真诚的、自然的。用你的体谅、关怀、宽容对待曾经伤害过你的人，使他感受到你的真诚和温暖。宽容所至，能化干戈为玉帛，仇恨的乌云也会被一片祥和之光所驱散，澄明而辽阔，蔚蓝如洗。

宽容是女人提升自己、放宽别人的一种涵养。退一步海阔天空，没有什么事情非要弄到两败俱伤不可，退一步不是让女人放弃原则，该坚持的原则就要坚持，但是在人和人之间的相处上，不必事事争高低、分主次。主动退一步，表现自己对对方的宽容，才是解决矛盾最好的办法。

在亲人和亲人之间，偶尔也会有争吵发生，宽容会让人倍觉温馨祥和，心中的依恋依赖也越来越浓；在朋友和朋友之间，即使有些磕磕碰碰，因为心怀宽容，常能弥合双方的矛盾，于是宽容成了彼此友谊的桥梁；在两个相爱的人之间，宽容是爱的心声，当爱人间出现一些口角的时候，宽容转换了两人之间的不和谐画面，让爱变得甜蜜、永久。宽容的女人要给生活充分的空间，让人生具有张力和弹性，这是一种真正有智慧的处事方式。

试着用仁慈的宽容之心去对待别人的过失，用感恩的心去对待身边的人，你就会少一些人生的遗憾。亲情、友情、爱情，想维系这些我们生命中最重要的感情，你就要学会宽容。不要因为谁伤害过你，就沉溺于痛苦的回忆中不能自拔，收起悲伤，原谅他吧，你也会收获更多的快乐。学会了包容他人，你就真正地拥有了那份广阔的心胸，那份坦然，那份自然。

宽容之于爱，正如和风之于春日，阳光之于冬天，它是人类灵魂里美丽的风景。有了博大的胸怀和宽容一切的心灵，宽容自然会散发出浓浓的醇香。宽容能使你活得轻松，使你的生活更加快乐。

著名作家雨果说过："世界上最宽广的是大海，比大海更宽广的是天空，比天空更广阔的是人的胸怀。"当女人以一种宽容的心态看待周围的事，以一颗仁爱的心对待这个多样纷杂的社会，以一种宽厚的胸怀接受这个不完美的世界时，女人就会在他人和自己的身上展现出生命的力量和光芒。

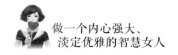
真正的强大不是咄咄逼人

生活中，人人都想成为强大的人，但装腔作势、耀武扬威、咄咄逼人甚至自欺欺人，都不是真正的强大，是霸道的表现。恰恰相反，内心的强大带给我们的是宽容和谦让，正是因为内心的安定与平静，我们才明白自己真正需要什么。

俗话说："饶人不是痴汉。"当双方的争论已到剑拔弩张的时候，占理得势的一方应当有"得饶人处且饶人"的风范；切忌穷追猛打，将对方逼入死胡同。那样不仅不能辩赢对方，反而会扩大矛盾冲突。

在我们的生活和工作中，并不是所有问题都值得去讨论，也不是任何话题都可以拿出来讨论。在有些情况下，因为个人的性格、兴趣和偏好不同，对问题的看法也不相同。这时如果去引发一场讨论，那一定没有任何结果，也毫无意义，这样做只能是浪费时间。确实非争不可时，也要适可而止，见好就收，如果一意孤行，争论到底，不会有什么好结果。

颜紫仪是大财团的千金，她和年轻有为的郭建涛结了婚。后来郭建涛建立了自己的公司做了董事长，其中颜紫仪的父亲帮了很大的忙。因为这个原因，所以郭建涛在生活中总是处处让着颜紫仪三分。

一天，郭建涛直到凌晨5点多才回到家中，刚一进门，颜紫仪就劈头盖脸地骂道："一夜没回来到底去哪里鬼混了？打电话为什么不接？"郭建涛忙拿出手机，一看上面竟然有50多个未接来电，他解释道："我昨晚陪几个客户去玩，把手机调成了无声模式，所以没听见你的电话。"

　　颜紫仪继续追问："真的？那行，你告诉我是哪几个客户，我要问他们昨晚是不是和你在一起。"郭建涛见妻子这么死缠烂打，于是说了实话："昨天没有见客户，而是为了拉拢业务部的人心，请员工一起到外面玩了，怕你说我浪费才不敢告诉你实话的。"

　　颜紫仪听后更是生气："请员工？有必要吗？堂堂一个董事长为何要这样委屈自己去应酬员工？""公司的发展全靠他们一线员工的努力，我身为董事长必须对他们予以感情和精神上的激励，如果人心涣散，大家就会表面上支持，私底下搞鬼，这样公司总有一天会倒闭的。"可颜紫仪就是不管什么人情世故、职场规则，一直数落丈夫没有威严，还要看业务部的脸色。

　　丈夫终于爆发了："这么久以来我都一直迁就你，可你除了会发大小姐脾气还会干什么？你想过我的感受吗？告诉你，就算没有你们家的权势，凭着我的能力一样可以取得今天的成绩。你要是再这样蛮不讲理，我真没法和你过了！"

　　第一次看到丈夫发那么大的火，颜紫仪既生气又害怕。丈夫整整一个星期没有和她说话，颜紫仪备受打击。

　　在现实生活中，有不少冲突都是由于一方或双方纠缠不清或得理不让人，一定要小事大闹，争个胜负，结果矛盾越闹越大，事情越搞越僵。这时应该学学"难得糊涂"的心态，在这些小事上，没有必要搞那么清楚明白，注意自己的言行，不妨糊涂一下，得理也要让三分，用宽容之心待人。其实，放下咄咄逼人的气势既是对别人的理解，也是对自己的宽容。女人气势凌人只会伤人伤己，只有善解人意才会利己利人。

　　曾经有一位德高望重的老人受邀请参加素宴，席间，发现在满桌精致的素食中，有一盘菜里竟然有一块猪肉，老人的随从故意用筷子把肉翻出来，打算让主人看到，没想到老人立刻用自己的筷子把肉掩

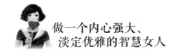
盖起来。一会儿，随从又把猪肉翻出来，老人又再度把肉遮盖起来，并在随从的耳畔轻声说："如果你再把肉翻出来，我就把它吃掉。"随从听到后再也不敢把肉翻出来，宴后老人辞别了主人，回家归途中，随从不解地问老人："刚才那厨师明明知道我们不吃荤的，为什么把猪肉放到素菜中？我只是要让主人知道，处罚处罚他。"那位老人就对随从说："每个人都难免会犯错误，无论是有心还是无心，如果让宴会主人看到了菜中的猪肉，一气之下可能当众处罚厨师，甚至会把厨师辞退，这都不是我愿意看见的，所以我宁愿把肉吃下去。"

由此可见，宽恕别人的过错，有容人之量，适时地放对方一马，会使事情更加圆满地解决。

人人都有自尊心和好胜心，在生活中，大部分人一旦陷身于争斗的旋涡，便不由自主地焦躁起来，有时为了自己的利益，甚至是为了面子，也要强词夺理，一争高下。一旦自己得了"理"，便决不饶人，非逼得对方鸣金收兵或自认倒霉不可。然而这次"得理不饶人"虽然让你吹着胜利的号角，但也成了下次争斗的前奏。因为这对"战败"的对方也是一种面子和利益之争，他当然要伺机讨还。其实，在这种时候，对一些非原则性的问题，女人何不主动显示出自己比他人更有容人之雅量呢！所以说，得理也让三分，是女人做人做事的大智慧，谁能做到这一点，谁就能少些麻烦，多些顺畅。

给拒绝加一点暖暖的温柔

拒绝是一门人生的学问，也是一门人生的艺术。一位哲人说："学会了拒绝，是成熟的标志之一。"的确，内心强大的人要敢于和善于拒绝他人。

　　周五晚上，梅梅又在电话里向好友抱怨，说女儿的芭蕾课要考试，答应周六陪她去舞蹈学院排练一上午，下午要陪小姑子挑选婚纱，晚上同事给老公办生日派对，她满口答应去帮厨……唉，成天为别人的事忙碌，多累、多不情愿、多烦啊……恨不能有孙悟空的本领，来个分身术！

　　"谁让你逞强，应下一大堆事儿？"好友抢白了她一句。

　　"没办法呀，既然别人开了口，我怎么好意思拒绝呢？"

　　好友太了解她了，梅梅正是那种有求必应的热心人，只要别人开了口，她总碍于面子，怕惹别人不高兴，心里再不情愿也要硬撑着答应下来。"不"字从她嘴里蹦出来，似乎比登九重天还难。到头来，往往搞得自己心力交瘁，疲惫不堪……

　　梅梅在办公室也是如此，担心自己不承担所有交代下来的工作，就会惹上司不高兴，于是有求必应，从来不去考虑自己的承受能力，结果分内的工作都给耽误了。拒绝别人最让她头疼，在婚姻中也不例外，"不管老公想干什么，我都会让步，还是少惹他不开心为好，他的工作压力已经够大了。就让我当天底下最不开心的那个人吧。"梅梅挺有献身精神地说道。

　　不懂拒绝，你就会处于被动，被人牵着鼻子走。在生活中，面对明知不可为的事情，要勇敢地说"不"。为了一时的面子而勉强行事，是最不明智的行为。俗话说："死要面子活受罪。"如果你拿不出勇气来拒绝别人，最后受委屈、吃亏的只能是自己。

　　拒绝的本质是一种丧失，它与温柔热烈的赞同相比，折射出冷峻的付出与掷地有声的清脆。但拒绝不都等于无情无义，也不是一意孤行，有时候拒绝甚至能够成为人格与个性的完美结合。所以，拒绝也是要讲究艺术

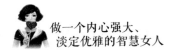
的，女人既要能够拒绝别人，又不能让对方太尴尬和难堪。

下面介绍几种拒绝的方式：

1．幽默的拒绝

在人际交往中，女人要学会机智、幽默一些，运用新颖、别致而又生动、形象的比喻，拒绝他人的请求。这样，既维护了对方的自尊，又可以避免不必要的麻烦。

天心是一位畅销书女作家。一次，一位读过她作品的读者打电话给她，说自己很想见见她。天心一向淡泊名利、不慕虚荣，她在电话中幽默地拒绝道："假如你吃了一个鸡蛋觉得不错的话，又何必一定要见那个下蛋的母鸡呢！"

2．模棱两可的拒绝

生活中大家可能都有这样的经验，当你提出某种要求时，对方既不马上反对，也不立即赞同，而是耐心细致地与你谈些与主题有关但又模模糊糊的问题，整个谈话像笼罩在"烟雾"之中，最后你都不明白自己是怎样被拒绝的。

德皇威廉二世派人将一艘军舰的设计图交给一个造船界的权威，请对方评估。他在所附的信件上告诉对方，这是他花费了多年的精力和心血才研究出来的，希望对方能仔细鉴定。

几周后，威廉二世接到了那位权威人士的报告。里面附有一叠从数字推论出来的详细分析，文字报告是这么写的："陛下，非常高兴能见到一幅美轮美奂的军舰设计图，能为它作评估是在下莫大的荣幸。可以看出这艘军舰威武壮观、性能超强，可以说是全世界前所未有的海上雄师。它的超高速度举世无双；而武器配备可以说是独一无二，配有世上射程最远的大炮和最高的桅杆；舰内的各种设施，将使全舰官兵如同住进豪华旅馆。这艘举世无双的超级军舰只有一个缺点，那就是如果一下水，马上就会像只铅铸的鸭子般沉入水底。"

威廉二世看了这个报告不禁笑了。

其实，这位造船界的权威人士的意思就是这张设计图一窍不通。但如果他直言不讳地拒绝："陛下，您的设计图一无是处，只有一个空架子。"结果会怎么样呢？不言而喻。

所以，同样的说话意图，不一样的说法，效果截然不同。避开实际性的问题，故意用模糊两可的语言做出具有弹性的回答，既无懈可击，又达到在要害问题上拒绝答复的目的。

3. 转移话题

当朋友要求你做一件你不想做的事时，你可以采取答非所问的方式，巧妙地利用暗示的方法让对方知道，你对他提出的意见不感兴趣，他就会知趣而退。比如，你这个周末与某个朋友在一起玩，他希望你下个周末还陪他出去，而你则另有自己的安排，你可以说："今天时间不早了，周末玩得太累会影响工作的，我该回去休息了。"这样说，你就给对方一个暗示，你并不打算再在周末的时候和他一起出去，对方就明白你话里的拒绝意思了。

小雅在相亲派对上认识了一个男人，开始两人相处得还不错，但很快，小雅就发觉两人性格不合，打算找一些借口断绝和对方往来。一次，两个人一起去钓鱼，临分别的时候，那个男人又邀请小雅："下周末我们还去郊外钓鱼怎么样？"小雅说："下周我们一直都要上班，周末也是。"男人说："那就再下周了。""再说吧，最近总是在周末出去玩，我周一上班都没什么精神，我要回去休息了。"说着，小雅还打了一个哈欠，那个男人马上明白了她的意思，从那天起

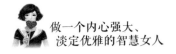
就不和她联系了。

4. 另指出路

当你对朋友的要求感到力不从心或者不乐意接受的时候，你可以采用另指出路的办法，以解决问题。

李丽当上某银行人事处处长后，就忙了起来，很多人都登门来求她帮忙，让她很是头疼。有一天，又有人来到李丽家，这次来的人正好还是她的老同学。"我儿子大学毕业一年了，工作一直不顺心，想换工作，所以来找老朋友想想办法。"老同学开门见山地说。"他学的是什么专业？"老同学把儿子的资料递给李丽，看过资料后，李丽知道自己帮不了，因为不仅专业不对口，这个孩子的外语水平也不行，这明显不符合银行的要求。但是李丽也清楚，不能直接拒绝，否则就太不给老同学面子了。"真是不巧，我们最近没有招聘人的计划，不过你别担心，我认识一个朋友，他那里似乎在招人。"说完，李丽把朋友的联系方式抄了一份交给老同学。虽然没有办成事，但那个老同学还是很感谢李丽。

5. 以"他人"为借口

以他人为借口，这个"他人"是否说过你想借用的话不要紧，只要将眼前难办的事推脱掉而又不丢别人的面子，就达到了目的。

小王在电器商场工作。一天，他的一位朋友来买彩电。看遍店里陈列的样品，他还没有找到令自己十分满意的那种。最后，他要求小王领他到仓库里去看看。小王面对朋友，"不"字出不了口。于是，他笑着说："前几天，我们经理刚宣布过，不准任何顾客进仓库。"尽管小王的朋友心中不悦，但毕竟比直接听到"不行"的回答要好多了。

对女性朋友来说，学会拒绝的艺术，既可以减少许多心理上的紧张和压力，又可以表现出自己人格的独特性，也不会使自己在人际交往中陷于被动，有利于处理好人与人之间的关系，运用得好，可以达到文雅得体、幽然含蓄、弦外有音、余味无穷的奇妙境界。

让微笑时刻挂在你的脸上

有位世界名模曾说过这样一句话："女人出门时若忘了化妆，最好的补救方法便是亮出你的微笑。"微笑是女人所有表情中最能给人好感、愉悦心情的表现方式。一个女人的微笑，能体现出她的热情、修养和魅力，从而得到别人的信任和尊重。

在艺术世界的殿堂里，名留史册的艺术家成百上千，传至后世的作品琳琅满目，但是堪称大师级的作品却屈指可数，具有划时代意义的名作更是凤毛麟角，而在法国某博物馆里，却陈列着一幅具有永恒魅力的作品，这就是达·芬奇的代表作《蒙娜丽莎》。蒙娜丽莎以其含蓄迷人的微笑，把人类的美升华到了一种光照寰宇的境界。同样，在中国历来都有"回眸一笑百媚生"的说法。不管你是艳如桃花的佳人，还是长相平平的淑女，只要你常面带微笑，就会让你在别人心目中的美好印象加分，一笑即生万种风情。

暖暖和冰冰一起长大，她们两个人从小在各个方面都非常优秀，在大学里她们更是成为校园里的一道靓丽风景线。冰冰比暖暖的功课要好，也比暖暖长得漂亮，可是唯一的缺点就是不爱笑，总是一副冷冰冰的样子。而暖暖呢，虽然功课比冰冰稍逊一些，而且也没有冰冰

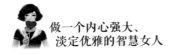
那般美丽的容貌，可是她最具杀伤力的武器就是微笑。她面对什么事都喜欢微笑，她说："微笑能减轻内心的恐惧感，让我有勇气面对一切困难。"

很快，她们大学毕业了，一起出来找工作。由于大学时学的是旅游专业，所以，她们一同去了一家旅游公司应聘导游。公司经理问了她们很多专业性的知识，冰冰都能非常流畅地回答出来。而暖暖呢，有些问题并不能流畅回答，但是她在回答不上来的时候，总会抱以歉意的微笑，同时浅浅一笑，也是对自己的鼓励。

最后，这家旅游公司只招了暖暖一个人，冰冰不解。经理说："你的专业知识确实很过硬，而且语言组织能力也很强，可是你不懂得微笑，导游是一个服务行业，旅游者花钱是来买舒心的，一路上看着一张冷冰冰的脸，你说他们会开心吗？"

可见，整天板着一张面孔的人是没有人喜欢的。每个人都喜欢看到一张微笑的脸，它透露着亲切和阳光，在给自己一种轻松的心情的同时，也能带给别人一种轻松的感觉。所以，假如你要获得他人的欢迎，请给他人以真心的微笑。

世界上最伟大的推销员乔·吉拉德曾说："当你笑时，整个世界都在笑。一脸苦相没人理睬你。"微笑是通用的护照，可以让你走遍全球。阳光雨露般的微笑是你畅行无阻的通行证。

无论你在什么地方，无论你在做什么，在人与人之间，简单的一个微笑是一种最为普及的语言，它能够消除人与人之间的隔阂。人与人之间的最短距离是一个可以分享的微笑，即使是你一个人微笑，也可以使你和自己的心灵进行交流。

一位诗人曾经这样写道："你需要的话，可以拿走我的面包，可以拿走我的空气，可是别把你的微笑拿走。因为生活需要微笑，也正因为有了微笑，生活便有了生气。"的确，在我们的生活中不能没有微笑。微笑是一缕春风，能化开久冻的坚冰；微笑是一滴甘露，能滋润久旱的心田；微笑是人们脸上高尚的表情，温馨而怡人。每天给自己一个微笑，你会赶走生活中所有的烦恼。

　　小丽总是在自己的包里备一面镜子，每当空闲的时候，每当遇到苦难的时候，每当疲惫的时候，她都会拿出来照一照，而且，她常常会独自一个人对着镜子微笑。别人可能会觉得她是一个很臭美的女人，或者觉得她是一个很幸福的女人。其实不然，她只是一个很坚强的女人。

　　三年前小丽不幸得了乳腺癌，为了继续生活下去，她做了乳房切除手术，可是，令她没想到的是，曾经对她山盟海誓的丈夫，在她刚做完手术不久就与她离婚了。她带着幼小的女儿生活，整天垂头丧气，以泪洗面。在很长一段时间里，她都打不起精神。

　　那时她总感觉天空都是灰色的。有一天，她站在镜子前，看到镜子里映出了一张陌生的脸：那张苍白的脸没有一丝血色，眼神也变得呆板而茫然。她当时就吓了一跳，自己原来那张年轻、美丽的脸到哪里去了？她努力对着镜子笑了笑，才稍稍感觉自己有了一丝生机，她的心情也随之振奋了一下。于是，她告诉自己：没有了丈夫，她依旧可以很好地生活下去，她要做自己命运的主人。

　　自从那之后，她就做出一个决定，要多对自己微笑，多给自己鼓劲儿，只要一看到自己的微笑，不管多累，不管多伤心，都要重新站起来！于是，她用业余时间创作，发表了许多文学作品，也收到大量的读者来信，她活得越来越充实，工作也做得越来越出色，每年的年终都能拿到很多奖金。同时，因为她的微笑常挂在脸上，她的朋友很多，她和周围的人都相处愉快，她也过得越来越开心。

　　微笑是一种积极心态，它能给我们战胜挫折的意志。一旦你学会了

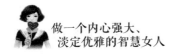
阳光灿烂地微笑，你就会发现，你的生活从此就会变得更加轻松，而人们也喜欢享受你那阳光灿烂的微笑。生活给予我们的已经够多了，我们要对生活充满感激，它并没有拖欠我们任何东西，因此，你没必要总是苦着脸对待它。学会对生活微笑，那么生活回报你的也不仅仅是微笑，你会得到更多。

微笑让女人有着美丽的心情；微笑让女人有着宽松的环境；微笑让女人有着迷人的风采；微笑让女人有着青春的容颜。微笑的女人如星月，眼睛在任何时候都熠熠发光；如薄荷，随时随地会让你清新凉爽；如散文如诗歌，轻灵、含蓄并且简洁。微笑的女人是温柔的，微笑的女人是慈爱的，微笑的女人是可亲的。微笑是女人从内心深处盛开的一朵花。把这朵花送给别人，既悦人又悦己，世界将更加和谐、美丽。

选择善行，其实是选择一种人生态度

美国作家马克·吐温把善良称为一种世界通用的语言，它可以使盲人"看到"，聋人"听到"。善良是女人与生俱来的特质，是女人身上最耀眼的一道光芒。

作为女人，你可以不漂亮，但不可以不善良。善良的女人一般性格温和，乐于助人，由于能够理解体谅别人的痛苦，较少计较自己的得失，反而显得坚强、开朗，容易保持心理平衡。

有一对年轻夫妇，原本在同一个工厂上班，几年前，由于经济不景气，工厂面临着倒闭，两个人先后下岗了。好在夫妇俩平时待人就好，在街坊邻居中极有人缘，下岗不久，便在朋友们的帮助下，在小镇的商业街开起了一家火锅店。

火锅店刚开张时生意较为冷清，全靠朋友和街坊邻居们关照。后来，由于夫妇俩的忠厚老实和热情公道，小店渐渐开始有了回头客，生意也一天一天地好了起来。

也许是女主人慈悲善良的缘故，几乎每到吃饭的时间，小镇上行乞的七八个大小乞丐都会相继光顾这里。食客们常对主人说："快把他们轰出去吧，这些都是填不满的'坑'！"这时女店主也总是笑笑回应说："算了吧，谁还没个难处，再者你看他们风餐露宿的，也很不容易啊！"

人们常说，这两口子太善良了，从未见过小镇里其他店主能够像他们那样宽容平和地对待这些乞丐。若是其他店主，一见到乞丐上门，就会扯下原本微笑的脸来，严厉地呵斥辱骂。而这夫妇俩则每次都会微笑着给这些肮脏邋遢的乞丐高举到面前来的盆盆罐罐里盛满热饭热菜，而且这些施舍又多是从厨房里取出来的新鲜饭菜。更让人感动的是，在他们施舍的过程中，没有丝毫的做作之态。他们的表情和神态十分亲和自然，就像他们所做的一切原本就是一件分内的事情似的。

一天深夜，服装市场里一家从事丝绸生意的店铺，由于打更老人早早睡去而忘记将烧水的煤炉熄灭，结果引发了一场大火。丝绸、化纤、棉麻制品，市场里所有的物品几乎都是易燃的，加之火借风势，眨眼的工夫整个市场便成了一片火海。

这一天，恰巧男主人出去进货，店里只留下女人照看。一无力气二无帮手的女店主，眼看辛苦张罗起来的火锅店就要被熊熊大火所吞没，心急如焚。这时，只见那班平常天天上门乞讨的乞丐不知从哪里钻了出来，在老乞丐的率领下，他们冒着生命危险将一个个笨重的液化气罐马不停蹄地搬运到了安全地段。紧接着，他们又冲进马上要被大火包围的店内，将那些易燃物品也全都搬了出来。消防车很快开来了，火锅店由于抢救及时，虽然也遭受了一点小小的损失，但最终给

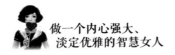
保住了。而周围的那些店铺，却因为得不到及时的救助，早已变成了一片废墟。

火灾过后，人们都说是夫妇俩平时的善行得到了回报，要是没有这些平时受他们施舍的乞丐们出力，火锅店恐怕要变废墟了。

播种善良，才能收获希望。善良是一种境界，是一种人生的修养与提炼。《道德经》中说："天道无亲，常与善人。"这是告诉我们，在个人的修行上，主张独善其身、善心常在；与人交往时，讲究与人为善、乐善好施；在待人处事方面，强调心存善意、善待他人。心怀善念，不仅是一种善良，也是一种智慧，任何时候与人为善都是最明智的选择。

善良本身就是一种美，这种美是发自内心的，不需要包装，也不需要闪躲。善良可以使人内心充实，所以漂亮的女人更需要注重善良，它不仅充实着你的内心，还使你在朋友面前发光。善良是一种看不见、摸不着的东西，它需要用心来感受。

善良的女人，能从内心流露出来一种柔韧的力量，这种力量是理解，是宽容，是悲悯，是博大，最终，它是大爱。

作为一个女人，你不会永远年轻，容颜会老去，这是人生自然现象，谁都无法回避。花无百日红，人不会永远年轻，这是亘古不变的哲理。所以我们不能只看到花儿妖娆之时的得意忘形，要想到有一天花儿会凋零；不能在年轻之时无所顾忌，要想到自己有一天会老去。花儿谢了，留给人们的永远是那一抹淡淡的清香。人老了，留给人们的只有那一份善良，因为只有善良才会让你得到世人的认可；只有善良，才是女人由内而外的独特魅力；只有善良，才会让女人在受到伤害时得到同情；只有善良，才会使女人为他人所做的付出与牺牲让人敬重！

第二章　积极乐观，
女人命好不如心态好

拥有好心态，女人有状态

　　每一个女人都向往幸福。常常有女人问，怎样才能拥有幸福？做什么工作最幸福？嫁个什么样的人最幸福？其实，一个人生命的质量取决于每天的心态，女人的幸福感来源于好的心态。

　　独立、平和、感恩、善良、宽容、坦然，一旦拥有了这些心态，无论一个女性从事什么职业，家庭是否幸福，孩子是否出色，她的眼神都会清澈，神情都会自信，都会用细腻的心思去感受周围的一切。她的生活会因此充满温暖的氛围，周围的人都会喜欢与她在一起，感受她带来的愉悦气息，这样的女人，怎会不幸福呢？

　　曾有个身材瘦小、年纪已74岁的老妇人，困扰她的是她不知该如何度过自己的余生。她曾当过教师，有很多教学经验，退休后便到各个幼儿园去讲故事。她的故事都经过特别挑选，而且用幻灯片来增加动画效果。孩子们喜欢听，她也因此觉得很充实。后来听到别人的赞扬和鼓励后，她决定把这当作一项愉快的事业来做。从中她也逐渐认识到，年纪不是从事一项愉快事业的障碍或缺陷，相反，由于多年的教学经验和积极的心态，她反而能把故事讲得更加动人。

　　她写下更多的推广计划，内容包括许多为学龄前儿童所设计的故事节目。她不仅用口讲述，并且用幻灯片演示给大家看，因此很容易被大家接受。另外，她富有戏剧性和充满人情味的讲述方法，赢得了大家的欢迎。现在，她已把自己的热情和信心送到美国各地，把欢乐

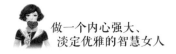
带给成千上万个孩童。她没有让自己的年纪成为障碍或偷懒的借口，她不再说："我太老了，没有办法工作了。"相反，她重新认识自己的能力和经验，然后把构想付诸行动，她做得非常成功。对这样一位古稀老人来说，成长并没有使她变老，而是使她变得更加成熟。

心态好的女人，会做自己的主人。虽然女人的美丽有很多种，可是慢慢地，当女人老去时，很多种的美丽都会慢慢褪色，只有心态这种美丽会随着幸福的加深越来越灿烂。

有位伟人曾说："要么你去驾驭生命，要么是生命驾驭你。你的心态决定谁是坐骑，谁是骑师。"人生并非是一种无奈，而是可以通过主观努力去把握和调控的，心态就是调控人生的控制塔。女人有什么样的心态，就会有什么样的生活和命运。

海伦·凯勒出生时是个正常的婴儿，能看，能听，咿呀学语，可是，一场疾病让她变成了残疾人——她瞎了，聋了，也哑了——那一年她才19个月。所幸的是，小海伦在黑暗的悲剧人生中遇到了一位伟大的光明天使——安妮·沙莉文女士。

在安妮·沙莉文女士的教导下，海伦·凯勒不仅学会了说话，还学会了用打字机写稿著书。海伦·凯勒虽然是一位盲人，但读过的书却比视力正常的人还多。至今，她已出版了7册自己著的书。海伦·凯勒的触觉极为敏锐，她用手指头放在对方的嘴唇上，就知道对方在说什么；音乐家在表演的时候，她用手触摸钢琴、小提琴的木质外壳，就能"听"到音乐的声音。

如果你和海伦·凯勒握过手，5年后你们再见面握手时，她可以根据上次跟你握手的记忆，认出你来；她可以根据跟你握手、聊天，判断你的个性和体魄，比如你是不是很美、很强壮，你是滑稽的人还是爽朗的人，或者是个满腹牢骚的人，等等。

海伦·凯勒简直是人间的奇迹，她让你震惊，让你欣慰，让你不得不赞赏她。海伦.凯勒大学毕业那年，有好心人为她在圣路易博览会上设立了"海伦·凯勒日"的活动。有人问她是凭什么取得这样的收获的？她说："我之所以能取得如此的收获，是因为我始终对生命充满信心，充满热忱，是自信、积极的心态让我克服重重困难，困难造就了我的今天。"

由此可见一个人的心态对自己命运的改变。人生的道路本来就多崎岖和泥泞，但是我们不能被困难和压力所吓倒。我们自己的心态就是对付困难和压力的武器。当我们心态积极了，人也就变得积极了。人在积极的时候会产生很大的潜能，去解决问题。

女性因可爱而美丽，因积极而具有魅力。我们可以看看身边的人，那些总是喜欢笑、总是努力向上的女孩总会受到更多的关注和青睐，人们总是愿意帮助她们。无论是那些积极求学的学生，还是那些为工作努力的上班族，她们努力而专注的精神就是最美丽的。

美国的克尔·琳达在《关于女人爱己的祝愿》一书中说："许多女人总以为只有先爱别人才能得到幸福，其实这正是一生深陷痛苦的端点。实际上，只有先爱自己的女人，才能真正赢得别人给予的幸福。"

你认为自己是什么样的人，你就将成为什么样的人。如果你觉得自己不幸福，那是因为你的眼睛只看到了自己的痛处而没有看到你手中的财富。

丽丽是一家杂志社的记者，虽然工作非常自由，她却从不散漫懈怠，对比自己年少的晚辈，也从来以礼相待。她积极地赚钱，时刻都在证明她是一个有钱的女人。因此，人们对她的态度自然不敢过于随

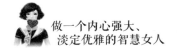
便、敷衍。更为神奇的是，虽然丽丽算不上美女，但人们越看越觉得她漂亮。丽丽从来没有向别人炫耀过自己的外貌，但人们都像被催眠了一样，都说她是个大美女。丽丽从来没有说过自己是一个美丽且能力出众的人，但是她深信自己就是这样的人，以至于周围的人也对她秉持肯定的态度。

虽然丽丽30多岁仍未结婚，但她并不在意公司同事的非议，最终她嫁给了一个自己喜欢的男人。现在，丽丽的事业和家庭都发展得不错，生活得十分精彩，朋友们纷纷称赞丽丽是一个好命的女人。

丽丽所获得的一切并没有超过她应得的，她努力工作，努力赚钱，只不过是长期把自己当作贵族一样努力生活着，最终得到了做真正贵族的机会而已。

女人一定要清醒地认识到心态在决定自己人生成功上的作用：你怎样对待生活，生活就怎样对待你。狄更斯曾说过："一个健全的心态，比一百种智慧更有力量。"女人的心态，犹如一条线，而她身上的优点，就像一颗颗珍珠。良好的心态会将珍珠穿成一串美丽的项链，让女人闪闪发光，幸福绚丽，而一条脆弱的线，会使珍珠散落在地，沾满尘埃，失去本身蕴藏的价值。女人要记住这一点：好心态成就幸福人生，好心态是女人一生取之不尽的财富。

心态决定命运

无论一个女人多么有能力，如果缺乏好的心态，就会什么事都做不成。良好心态的能量是巨大的，也是动力产生的源泉，有了它，女人就能把握自己的命运，在人生的道路上勇往直前。

贾芳和刘欣是大学同学，有一天她们在街上碰到了。刘欣说："贾芳，你怎么变成这个样子了，脸色这么难看，你心情不好吗？"贾芳说："我痛苦死了！我离婚了，我这辈子彻底完了！""你离婚了？我也刚刚离婚。""是吗，你也离婚了？我看你心情不错，不像离婚的样子。"刘欣说："为什么不高兴啊！我现在冲出围城，很自由，我要好好过日子！"

同样是离婚，但她们对待离婚的态度却不相同。随着时间的流逝，她们各自的生活也在慢慢地发生着变化。贾芳认为自己是天底下最命苦的女人，离婚之后一直陷在痛苦之中，她痛恨那个让自己失去爱和家庭的男人，整天以泪洗面。刚开始，家人、同事都对她好言相劝，她一点听不进去，还很敏感，觉得大家都在笑话她，不关心她。本是好意却换来尴尬和无趣，也就没有人再理她、劝她了。心情不好，工作业绩自然也就下来了，不久领导要给她调换部门，她心想领导是落井下石，就生气地辞职了。

与贾芳不同，刘欣离婚之后觉得很轻松，她感到终于可以按照自己的想法过日子了。离婚后的第二个周末，她就邀请自己的同事、同学、朋友到家里聚会，大家无拘无束地喝茶、聊天。心情好，工作自然也积极，好多工作她都抢着干，由于人缘好、态度好、开朗、热心又阳光，刘欣的客户越来越多，她的业绩也逐步提高。业余时间，她还自费参加MBA学习，顺利地拿到学位证书。每隔一段时间，她还约朋友一起去健身房锻炼身体，生活过得越来越幸福。

同样是离婚，乐观女人和悲观女人的心态天差地别。随着时间的流逝，她们的生活会随着心态慢慢地发生变化，最后导致不同的人生命运。

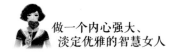
　　积极的心态创造人生，消极的心态消耗人生。积极的心态是成功的起点，是生命的阳光和雨露，滋润着女人的生活；消极的心态是失败的源泉，是生命的慢性杀手，使人在不知不觉中丧失动力。所以，女人选择了积极的心态，就等于选择了成功的希望；选择消极的心态，就注定要走入失败的沼泽。女人要想成功，想把美梦变成现实，就必须懂得"心态决定命运"这一条人生哲理。

　　琼是一个不到20岁的女孩，在父亲的农场工作。她身体很健康，工作也很努力。农场并没有让她发财，但日子还过得下去。

　　可是，有一天，突然间发生了一件事情，使琼一下子陷入了困境。琼患了全身麻痹症，卧床不起，几乎失去了生活能力。她的亲戚们都确信：她将永远成为一个失去希望、失去幸福的病人。她可能再不会有什么作为了。

　　但她能思考，她确实在思考，在计划。有一天她做出了自己的计划。她把她的计划讲给家人听。"我再不能劳动了，"她说，"如果你们愿意的话，你们每个人都可以代替我的手、足和身体。让我们把农场每一块可耕的地都种上玉米，然后我们养猪，用所收的玉米喂猪。当我们的猪还幼小肉嫩时，我们把它宰掉，做成香肠，然后把香肠包装起来，注册一种商标出售。我们可以在全国各地的零售店出售这种香肠。"她接着说道，"这种香肠可以像热糕点一样出售。"

　　这种香肠确实像热糕点一样出售了！几年后，名为"琼仔猪香肠"的食品竟成了家庭的必备食品，成了最能引起人们食欲的一种食品。

　　琼利用自己的大脑，然后借用别人的手，依然干出了自己的一番事业。琼用什么方法创造了这种变化呢？她应用了"积极心态"的办法。是的，她的身体是麻痹了，但是她的心理并未受到影响。

琼积极的心态使她满怀希望，怀抱乐观精神和愉快情绪，把创造性的思考变为现实。她要成为有用的人，而不要成为家庭的负担。

成功学大师戴尔·卡耐基说过："人与人之间只有很小的差异，很小的差异却造成了巨大的差异。这很小的差异就是心态，巨大的差异就是不同心态产生的结果。"美国心理学家马斯洛曾这样说："心若改变，你的态度就会跟着改变；态度改变，你的习惯就会跟着改变；习惯改变，你的性格就会跟着改变；性格改变，你的人生就会跟着改变。"有人说过："当一个人的态度明确时，他的各种才能就会发挥最大的效用，因而产生良好的效果。"态度不同会使结果不同。

心理学家认为，心态是横在女人人生之路上的双向门，女人可以把它转到一边，进入成功，也可以把它转到另一边，进入失败。智商高不如心态好，只有好的心态才能调动智商向着成功的方向迈进。良好的心态能成就女人，不良的心态能毁掉女人。一个女人如果没有良好的心态，智商再高也会受到生活的嘲弄。

一位女企业家在回忆自己创业的那段往事时曾讲到，开始她所遭遇到的难题事实上只是小小的困难，但后来发展成看来似乎已无法克服的障碍。不过后来她发现，原来自己存有失败主义者的意识，因此往往疏于察觉造成障碍的真相，而障碍实际上并没有想象中那般困难重重。于是，她在公司的办公桌上摆了一个箱子，然后将写有"保持积极心态，一切都有可能"的标志贴于箱子上。每当出现难题，或者她的失败主义思想又开始作祟时，她便把有关难题的文件或书面资料投掷于此箱中。一两天后，她再把这些文件取出，此时，奇妙的事情发生了。据她形容："当我从箱子中取出这些文件时，任何难题在我看来一点儿也不困难了。"她把"我不相信失败"大声朗读，直到这

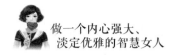
个想法完全进驻她的潜意识为止，之后这个企业家果真逐渐找到了从
商的感觉，将她的小公司逐渐发展成了大企业。

一个女人幸福与否和心态有着密切的关系。人生不可能是一帆风顺
的，挫折和失败都会不期而遇，幸运和厄运同样令人刻骨铭心，难以忘
怀。无论身处顺境还是逆境，改变了心态的女人就改变了对生活的追求，
有了追求就有奋发向上的斗志，奋斗的结果就是硕果累累、幸福满园。

乐观的女人拥有多彩的生活

每一个女人都要学会做一个乐观的人，在磨难面前，不要胆怯，不要
退缩。女人要保持乐观的心态，学会善待生活，细心去感受生活本身的快
乐。一个乐观的女人，不管在什么条件下都能扬起希望的风帆，将生活点
缀得丰富多彩，使自己成为一个万事如意的好命女人。

乐观，是一种心态，更是一种素质、一种智慧，它在女人的生活中非
常重要，它是女人走向成功、获得幸福的必不可少的一种心态。一个女人
如果心态乐观，她就能以幽默的眼光看待不愉快的事情，以轻轻一笑缓释
痛苦，甚至以不幸中的万幸聊以自慰。她能在困难中看到光明，在逆境中
找到出路，尽快走出阴霾，铸就辉煌；她能发挥自己的优点，激励自己的
热情，开掘自己的潜能；她还能吸引和感染周围的人，争取他们的理解、
支持与帮助，这就是乐观心态带给女人的力量。

美国著名成功学家戴尔·卡耐基曾经说过："如果你性格乐观，你的
生活必然充满快乐；如果你心存悲观，你就会认为事事悲惨；如果你觉得

恐惧，就会感到鬼魅就在身边窥伺。"生活中有让人快乐的事，也难免会有痛苦的事情发生，女人会不可避免地遇到种种消极心态的困扰。性格热情开朗的女人，通常都非常乐观，她们对现实的态度通常是冷静的、客观的、主动的，她们不会否认事实，而是能够看到现实中不利的因素，并且知道自己的弱点和优势，她们对于自己树立的目标总是信心百倍，并付出所有的精力来追求目标，从而获得幸福。

如果一个女人心情豁达、乐观了，那么她就能够看到生活中光明的一面，即使在漆黑的夜晚，她也知道星星仍在闪烁。一个心境健康的人，就会思想高洁，行为正派，就能自觉而坚决地摒弃肮脏的想法，不与邪恶者为伍。这个世界是由我们自己创造的，因此，它属于我们每一个人，而真正拥有这个世界的人，是那些热爱生活、拥有快乐的人。也就是说，那些真正拥有快乐的人才会真正拥有这个世界。

著名女作家塞尔玛在成名前曾陪伴丈夫驻扎在一个沙漠的陆军基地里，丈夫奉命到沙漠里去演习，她一个人留在基地的小铁皮房子里。沙漠里天气热得让人受不了，就是在仙人掌的阴影下也有华氏125度，而且她远离亲人，身边只有墨西哥人和印第安人，而他们又不会说英语，没有人和她说话、聊天。

她非常难过，于是就写信给父母，说受不了这里的生活，想要不顾一切回家去。她父亲的回信只有两行字，但它们却永远留在她心中，这两句话完全改变了她的生活：两个人从牢中的铁窗望出去，一个看到泥土，一个却看到了星星！

塞尔玛反复读这封信，觉得非常惭愧。于是她决定要在沙漠中找到星星。她开始和当地人交朋友，而他们的反应也使她非常惊讶，她对他们的纺织、陶器表示感兴趣，他们就把自己最喜欢但舍不得卖给观光客人的纺织品和陶器送给了她。

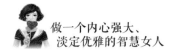
　　塞尔玛研究那些引人入迷的仙人掌和各种沙漠植物，又学习了大量有关土拨鼠的知识。她观看沙漠日落，还寻找海螺壳，这些海螺壳是几万年前沙漠还是海洋时留下来的……原来让她难以忍受的环境变成了令人兴奋、流连忘返的奇景。

　　那么，是什么使塞尔玛的内心发生了这么大的转变呢？沙漠没有改变，墨西哥人、印第安人也没有改变，是她的心态改变了。一念之差，使她原先认为恶劣的生活环境变为一生中最有意义的冒险。她为发现新世界而兴奋不已，并为此写下了《快乐的城堡》一书。她从自己造的牢房里看出去，终于看到了星星。

　　人生其实是一道风景，这个风景在每个人的眼中都是不一样的，聪明乐观的女人即使是在沙漠之中，也会看到别样的风景。换个角度看问题，人生将会达到"山重水复疑无路，柳暗花明又一村"的境界。

　　乐观、豁达的女人，她们眼睛里流露出来的光彩使整个世界都流光溢彩。在这种光彩之下，寒冷会变成温暖，痛苦会变成舒适。无论在什么时候，她们都能感受到光明、美丽和快乐的生活就在身边。这种性格使智慧更加熠熠生辉，使美丽更加迷人灿烂。因此，每个女人都应保持乐观的心态，对人生充满信心，发挥自己的力量，在人生的拼搏中收获一个乐观幸福的人生。

做一个快乐的女人

有这样一个小故事：

很久以前，有个人因为常常闷闷不乐，所以一年四季都在找快乐。他到处问别人："请问，到哪里才能找到快乐？"被问的人总是摇摇头说不知道。他越找不到快乐就越不快乐。于是，他下定决心，不找到快乐决不罢休。因此他收拾了行李远离家乡，到了人烟稀少的深山、海边去寻觅，然而依然找不到，最后他准备放弃了。他告诉自己："算了。我为什么一定要找到快乐呢？只要我好好做事、好好生活，没有快乐又能怎样？我若能找到快乐更好，找不到也不是世界末日啊！我还是回去过我的日子吧！"他对自己说了这一番话后，便兴高采烈地回家了。一路上，他哼着歌、吹着口哨，这时候他惊讶地发现自己已经找到了快乐。

快乐是不需要刻意去寻找的，它往往就在我们身边，只是我们常常忽视了它的存在，总是喜欢将目光茫然地投得更远，总想在远处风景之中寻找渺茫的快乐。

每一个女人都有一份属于自己的快乐，不同的阶段有着不同的快乐，就看你是否会寻找。学会寻找快乐，并将这种快乐充实在自己生活的不同阶段，即使你什么都没有，但只要拥有快乐，那么你就是这个世界上最富有的人！

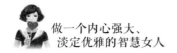
你有没有发现，在你的周围总是有太多女人的伤感故事，你总是能听到太多女人的哀鸣抱怨。为什么有那么多女人生活在不快乐之中？为什么有那么多女人陷在忧伤里无法解脱？其实这只是她们不懂得去寻找快乐罢了。

王丽是一个善于发现快乐的女人：

外人看到王丽的时候，总会说这肯定是个家里事事不用操心、幸福得不知人间还有柴米油盐的女人。因为她永远是一副快快乐乐的表情，无忧无虑的样子。

但其实王丽不但不算是无后顾之忧的，反倒是负担极重的。家里边两个孩子都在上学，公公婆婆和他们住在一起，两个老人都七八十岁了，不但帮不上什么忙，每天还要花许多时间照顾他们的起居。她的老公自己经营一家小酒楼，每天要忙到很晚，几乎没有什么节假日之分，孩子和老人几乎都是王丽一个人在照顾。

这样的日子换到许多别的女人身上，或许早就牢骚满腹了，可是王丽每天上班下班、买菜做饭，自得其乐。她说她的母亲从小教育她要有积极生活的态度，做人要豁达乐观。尤其在她做了两个孩子的母亲之后，母亲总是对她说她是孩子们学会生活的榜样。如果她抱怨生活，她的孩子就会觉得生活没意思。如果她虐待老人，那她的孩子以后也会照她的样子。如果他们夫妻不和，孩子就会个性忧郁，不易与人相处。

于是王丽每天做饭的时候都要和公公婆婆讲单位里有趣的事，或者让孩子讲学校里发生的趣事，有时候甚至声情并茂地表演一番，常常是全家都笑翻了。在周末的时候，王丽还会开车带上老人和孩子一起去老公的酒楼吃饭，然后在那里陪他一下午，晚饭后才回去。这样老公也不会觉得家里人忘了他，而且更珍惜和他们在一起的时间。

其实，快乐源于生活，聪明的女人应该是如王丽般善于从生活中寻找到快乐的人。

快乐无处不在，无时不在。很多时候，女人感觉不到快乐，并不是因为世上缺少快乐，而是因为缺少一双发现快乐的眼睛。试想，如果每天你都可以带着快乐的心情起床，带着快乐的心情出门；独处时保持快乐的心情，与人相遇时向对方问好；工作、休闲时也保持快乐的心情，这样快乐就会处处、时时都在你身边，你不会感觉不到它。快乐其实很简单，就在你的举手投足之间。

祸不单行，还真是如此。王梦洁刚刚下岗在家，妈妈就得了病，孩子学校又要收钱，种种困难接踵而至。于是烦恼顿生，她心情便坏到了极点，整天在失落、沮丧、懊恼、自怨自叹中打发日子。

一日，王梦洁正闷得发慌时，忽听得门外有口哨声，吹的是印尼民歌《哎哟妈妈》，欢快的曲子穿门而入，带来一种久违了的蓝天、白云、绿草地的气息，仿佛使人一下回到少年不知愁滋味的快乐岁月。

听着这轻快悦耳的口哨声，王梦洁猜想有这份闲情逸致的一定是那个年少不懂事的邻家大男孩，正享受着青春的快乐，令人羡慕不已。开得门来，却令她大感意外，吹出如此欢快流畅的口哨的竟是这幢楼的保洁工，一个年近半百的下岗工人。清瘦，黝黑，一年四季都穿着那套看不出本色的工作服。王梦洁听对门的胖姨说过，他是一家破产企业的下岗工人，家中有个瘫痪的老母，妻子在家服侍老人和孩子，全家的重担落在他一个人身上，日子过得非常艰难。就这样一个被生活重担几乎压弯了腰的保洁工，竟然拥有如此爽朗而快乐的心境。他吹着口哨，从顶层往下提走每家门前的垃圾袋，快乐地进行着

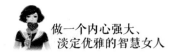
他的工作。站在门口，与他眼睛对视的一刹那，王梦洁受到很大触动，因为她看出他的快乐，是发自内心的！

看着保洁工瘦削的背影和着欢快的口哨声一同下楼而去，王梦洁眼眶有些潮湿。突然间她觉得自己的痛苦和失落是如此的无病呻吟和苍白无力。

王梦洁从内心深处感谢这位快乐而坚强的保洁工，因为是他真正教会了她如何选择生活。

每个人的人生本来就是苦的，尤其对女人来说，没有美貌的苦，没有金钱的苦，没有知识的苦，没有工作的苦，没有爱情的苦，生儿育女的苦，害怕衰老的苦，谋求职业的苦……这就是生活，这就是现实，谁也改变不了。女人对于生活中不能改变的东西只能适应，只能面对，能改变的只能是自己的心情，而改变心情的最好办法就是学会寻找快乐。你不去寻找快乐，快乐绝不会送上门来。

快乐是一种心情，是一种感觉，它需要我们去感知，去捕捉，去发现。如果我们能够认真地过好自己的每一天，用心地去感受生活中的点点滴滴，就能寻求快乐的所在，生活也一定会更加快乐、充实。

总之，要做一个快乐女人并不难，因为快乐不需要任何庸俗的东西来做载体。只要你是个有心人，用心生活，做你认为快乐的事，那么生活中的每一个细节都是快乐灿烂的。

心情好坏是内心选择的结果

马克思说："一种美好的心情，比千服良药更能解除生理上的疲惫和痛楚。"法国的乔治·桑说："心情愉快是肉体和精神上的最佳卫生法。"生活中有些人把快乐的心情比作一股永不枯竭的清泉，有些人把快乐的心情称为蔚蓝的天空。快乐的心情就是一首没有歌词的永无止境的欢歌，它使人的灵魂得以宁静，使人的精力得以恢复，使美德更加芬芳。人的灵魂、精力、美德都从这种愉悦的心情中得到滋润，尽管烦恼和不安总在时时吞噬着这种美好的心情，各种挫折和磨难会一点一滴地消耗它，但这如清泉甘露般的美丽心情永远不会枯竭，而且历久弥坚，以至永远。

一位说话清脆、满脸笑容的美容师给学员留下了深刻的印象。在讲座中，她提了这样一个问题："请在座的各位猜一下我的年龄？"

有的说："35岁。"

有的猜："将近30岁。"

结果，美容师微笑着摇头否认。她说："我只有18岁零几个月。"

室内哗然，大家窃窃私语，发出一片不信任的惊诧声。

美容师接着说："至于这零几个月是多少，请大家自己去琢磨吧，也许是几个月，也许是几十个月，或者更多，但是，我的心情只有18岁。"

说完，大家报以热烈的掌声。

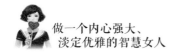

俗话说："不怕人老，就怕心老。"其实，一份好的心情，不仅可以改变自己，同时，更会感染别人。那种由内及外的韵味浸透出来的柔美，就像蒙娜丽莎的微笑，就像维纳斯的断臂，就像秋瑾"至今思项羽，不肯过江东"的豪气……如果一个人拥有快乐的心情，就会变得美丽、自信、优雅、年轻，就会从容地笑对人生。正如那位美容师一样，她永远都保持18岁的心情，所以她青春永驻。如果一个人的心情是忧郁的，那么，再昂贵的化妆品也掩饰不住她满脸的愁云，再高超的美容师也无法抚平她紧锁的眉头。

通常，女人的心思总是异常敏感的，她们的心情总免不了随着生活的沉浮而潮起潮落。虽然事情无法改变，但我们的心情却可以自主选择。生活给了你苦难，但你却可以选择微笑着来面对今后的生活。

多罗米出生在美国明尼苏达州一个乡村，少年时一双眼睛意外受了重伤，她只有从左眼角的缝隙才能看到东西，即使要看书，也必须把书拿近，并紧缩眼睛的肌肉，使眼球尽量靠近左边。上学读书时，她只能把书尽量靠近自己的眼睛，睫毛常常碰到书本。即便这样，她感觉所有的一切都比不上学习知识为她带来的快乐。她的成绩名列前茅，这使她和父母都很自豪。看到别的小伙伴羡慕她成绩单的表情，她心中充满了靠自己努力取得进步的快乐。

她从不封闭自己，快乐地和小伙伴一起玩游戏。那时候，她喜欢和附近的孩子玩跳房子，却常常看不见记号，但她会一直努力到把自己游玩的每一个角落都清楚地记清为止。这样，即使在赛跑时，她也没有输过。小伙伴们也从来没嫌弃过她。正是凭着这股韧劲，后来她获得了明尼苏达大学的文学学士及哥伦比亚大学的文学硕士，参加工作后又成为某大学的新闻学和文学教授。

一个几乎失明的女性，能取得如此荣耀足以骄傲了，但她不满足于这些，除了教书外，还在妇女俱乐部介绍各种书籍及作者的生平，并客串电台的谈话节目。更为重要的是，她的小说《我想看》激励了许多人向命运抗争。

"在我心里不断地潜伏着是否会变成全盲的恐惧，但我始终以一种苦中作乐的勇气来面对生活，因为，我已经是个不幸的女人了，我不能给自己再增加不幸。"在谈到自己的成功时，多罗米这样写道。终于，她在52岁时，经过现代医学的诊疗，获得了40倍于以前的视力，一个更为绚丽的世界展现在她面前。

多罗米像一个在荆棘丛中采摘鲜花的女孩，时刻采摘生活的快乐放在自己的生命花篮里，尽管她已经被命运的荆棘"碰伤"。但是，她却从没有陷入荆棘，而是用微弱的视力享受着生命中的阳光，就像凛冽风中的一朵奇葩，张扬着美丽。

很多事情既然已经来了，也改变不了了，那唯一能改变的，就是我们对待事情的心情，对待生活的态度。不幸的发生、疾病的降临、误会的产生、失败的打击，都是我们的意志所不能改变的，但是我们可以改变自己的心情，降低不幸事件对我们的伤害，促使事情向好的一面发展。

快乐是一种态度，一种选择。快乐的女人，并不是说她的生活里没有痛苦和挫折，而是她选择了一种乐观的人生态度，对自己充满信心。

心理学博士凯伦·撒尔玛索恩女士说："我们的生活有太多不确定的因素，你随时可能会被突如其来的变化扰乱心情。与其随波逐流，不如有意识地培养一些让你快乐的习惯，随时帮助自己调整心情。"快乐并非取决于你是什么人，或你拥有什么，它完全来自于你的思想。你心中注满希望、自信、真爱与成功的想法，你就快乐了。假如你下决心使自己快乐，你就能够使自己快乐！

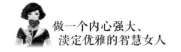
　　刘教授是一位年过花甲的老妇人，除了患有一些常见的老年病之外，她的视力很不好，双目接近失明。丈夫去世以后，由于生活难以自理，她决定住进养老院。在走进养老院的第一天，刘教授在大厅等候了一个多小时。当护士有些歉意地告诉她，房间已布置就绪时，她宽容地笑了。在前往房间的路上，护士对她细致地描述了房间的设施，有一张舒适的床，有梳妆台，有漂亮的窗帘，没等护士说完，刘教授就高兴地说："我很喜欢我的房间。"护士不解地问："可是，您还没有到房间里看过啊？"刘教授回答："其实，这和到没到房间没有什么关系，喜欢是我早已决定好的事情。就是说，喜欢不喜欢我的房间，主要并不取决于家具是怎样安排的，而取决于我怎样安排自己的想法。从我决定住进养老院的时候起，我就决定喜欢养老院的一切了。"

　　停顿了一会儿，刘教授若有所思地说："我可以选择整天躺在床上，琢磨我身体的哪些部位的功能出了毛病，给我带来了这样或那样的困难；也可以选择接受生活的变化，并且在种种变化中保持快乐。我决定选择后者，并不断地提醒、告诫自己，每一天都是一份十分珍贵的礼物，我应该心怀感激。"护士敬佩地问："您为什么能有如此快乐、豁达的心态呢？"刘教授说："我与丈夫的感情很深，也十分怀念他，但我曾答应过他，要坦然接受变化，珍爱生命的每一天，顽强而快乐地活下去。我相信，如果人们在所有的事情面前，都能以快乐的心态去面对，那么无论事情如何糟糕，心情也照样可以是快乐的。其实，快乐是可以选择的心态。"

　　生活本身就是一种选择，快乐还是悲伤都由你自己做决定、去选择。人应该学会享受现在所拥有的一切，拥有本身就是快乐。只要你愿意享受快乐，快乐就会亲近你。

体验生活，感受过程，就会享受到快乐。只有快乐的女人才是最美丽的。每天早上起床时告诉自己：我选择快乐，我快乐无比。

点燃热情，释放生命

热情是女人生命中最主要的能量，一个内心强大的女人，她的身上始终是有一股热情的。那种热情，既是她美貌永恒的时尚，也是她事业成功的制胜法宝。

热情是什么？热情就是一个人保持高度的自觉，就是把全身的每一个细胞都调动起来，完成自己内心渴望去完成的工作，做自己想做的事。只有用真正的热情、用有生命力的语言表达出来的思想，才可能点燃生命中潜藏的动力和激情。

英国著名前首相狄斯雷利认为："一个人想成为伟人，唯一的途径便是：做任何事都要怀着热情的心。"美国大思想家爱默生也曾说过："伟大的事，没有一件是可以没有热情而能成就的。"热情是生命的原动力，女人一定要有充分的热情和活力，这是一个女人的魅力，尤其对于那些职业女性来说，笑容可掬的热情活力更是社交处世的法宝。

王凡是一家公司的业务员，是一个能给人好感的忠厚之人，但她总给人一种寡味索然的感觉，同事们讽刺她是"地狱最下层的人"，这是指她是公司里业绩最少的业务员。公司虽然对王凡的人品没得说，但也只能考虑让她走人。

就在公司考虑要开除她时，王凡突然爆发了巨大的热情，开始积

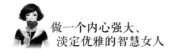
极地工作，营业额也逐渐上升，一年后成了公司的王牌业务员，又过了一年，她竟然成了国内销售冠军。

在业务员的表彰大会上，王凡受到董事长的表扬。董事长给王凡授完奖以后，对王凡说："我从来没有这样高兴地表扬过人。你是一个杰出的业务员。不过，你的营业额高速增长，这巨大的转变是怎么实现的呢？能不能让大家分享一下你的成功秘诀呢？"

王凡并不擅长言辞，即使现在已经是战果丰富，她还是有点害羞地说："董事长先生及各位女士、先生们，过去我曾经因为自己是个失败者而垂头丧气，这一点我记得很清楚。有一天晚上，我看到一本书，上面写着'因为热爱，才能做得更好'，我忽然好像领悟到了什么一样，我不能再这样下去了，我找到了以前失败的原因——因为我不热爱自己的工作，所以缺少对工作的热情，但是我相信，我会改变的。第二天一大早，我就上街从头到脚买了一套全新的衣服，包括套装、内衣、袜子、皮鞋等，我需要全面地改变自己。回家以后我又痛痛快快地洗了个澡，头发洗干净了，同时也把脑子里消极的东西全都洗掉了。然后我穿上刚买的新衣服，带着以前从未有过的热情开始出去推销了。然后，我的营业额开始上升，越来越顺利。这就是我转变的过程，非常简单。"

王凡的转变，是因为她转变了心态，学会爱上自己的工作，然后唤起了对工作的热情，同时也造就了后来的成功。热爱才会有热情，热情可以把一个人变成完全不同的人，这是一个多么神奇的转变呀！

热情，是一种内在的精神本质，它深入人的内心。热情作为一种精神状态是可以互相感染的，也是最能打动人的。

有一位老太太，她的一条腿已被锯掉，但她很兴奋地描述说，她独自一人生活，她每天都是坐在轮椅上做家务的，包括使用吸尘器、准备三餐、铺床。

她常对别人说："只要你知道窍门，就不会有困难，而且我真的知道这里的诀窍，我并不觉得困难。虽然我身旁没有人，也得不到任何帮助。就算找到合适的女孩子，我也付不起费用。但是请你不用忧虑，我并不抱怨，我喜欢这种生活。"

曾经有人和她进行过以下一番对话。

"你的腿被锯掉有多久了？"来客问她。

"哦，大约5年了，当然已经习惯了。"老人平静地回答。

"你能从轮椅上下来吗？"

"当然，你难道认为我整天都闷在这间屋子里？"

"我的奶奶还时常给我们打气，"正当他们聊着，她那位27岁的孙子插话说，"我每隔两天来看她一次，每次都能从她身上得到一份新的热忱。而且那份热忱也时刻鼓舞着我，使我充满了活力。"

"难道你从来不觉得沮丧吗？你毕竟少了一条腿。"来客紧接着问这位年老却热情得像火球一样的女性。

"沮丧？当然，我也有这种感觉。"

"当你沮丧的时候，你怎么办呢？"他进一步问。

"我只是克服这种感觉，还能怎么办呢？"

"听着，孩子。"她用手指着和她谈话的小伙子说，"是这样的，我经常阅读《圣经》，并且相信里面所说的话，而且我不断对自己重复这段话：'我深信，我是拥有生命的，我将拥有更丰富的生命。'你知道吗？《圣经》并不认为这项诺言不适用于坐在轮椅上，少了一条腿，又是90岁的人。它只允诺丰富的生活，因此，我不断对自己重复这个诺言，并且过着丰富的生活。我很幸福，我拥有勇气。"

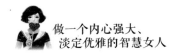
看，已年过花甲的老太太仍保持一颗年轻而热情的心。

生活，其实是一种态度。当你态度积极的时候，你的生活也随之热情高涨。没有什么比失去热忱更使人觉得垂垂老矣了。热情是人的生活态度，积极投入，时时充满热情，才是人的最佳状态。因为，积极热情的态度可以感染人、带动人，给人以信心，给人以力量。

美国某文学家曾写道："人要是没有热情是干不成大事业的。"有人说过："年年岁岁只在你的额上留下皱纹，但你在生活中如果缺少热情，你的心灵就将布满皱纹了。"一个人如果没有热情，不论他有什么能力，都很难发挥出来，也不可能会成功。成功是与热情紧紧联系在一起的，要想成功，就要让自己永远沐浴在热情的光影里。

一个浓雾之夜，当拿破仑·希尔和他母亲从新泽西乘船渡江到纽约的时候，母亲欢叫道："这是多么令人惊心动魄的情景啊！"

"有什么出奇的事情呢？"拿破仑·希尔问道。

母亲依旧充满热情："你看呀，那浓雾，那四周若隐若现的光，还有消失在雾中的船带走了令人迷惑的灯光，那么令人不可思议。"

或许是被母亲的热情所感染，拿破仑·希尔也着实感受到厚厚的白色雾中那种隐藏着的神秘、虚无及点点的迷惑。拿破仑·希尔那颗迟钝的心得到一些新鲜血液的渗透，不再没有感觉了。

母亲注视着拿破仑·希尔："我从没有放弃过给你忠告。无论以前的忠告你接受不接受，但这一刻的忠告你一定得听，而且要永远牢记。那就是：世界从来就有美丽和兴奋的存在，她本身就是如此动人、如此令人神往，所以，你自己必须要对她敏感，永远不要让自己感觉迟钝、嗅觉不灵，永远不要让自己失去那份应有的热情。"

拿破仑·希尔一直没有忘记母亲的话，而且也试着去做，让自己保持有那颗热忱的心，有那份热情。

热情是发自内心的激情，是一种意识状态，是一种重要的力量，它具有巨大的威力。你如果激情洋溢，热情地面对人生，乐观地接受挑战，那么就成功了一半。

热情是经久不衰地推动你面向目标勇往直前，直至你成为生活主宰的原动力。因此，我们女人对待生活，要时时刻刻充满热情，这样生活才会少几分无奈，多几分精彩。

悲观的女人，很难看到光明的一面

科学家研究发现，如果一个人常常处于悲观的情绪之中，那么他在抱怨的时候神经细胞会不断分泌出让身体老化的神经化学元素，我们甚至可以说当一个人长期处于悲观和愤怒的状态时，那么无疑是在慢性自杀。

我国著名作家、哲学家周国平曾经说过这样一段话："悲观主义是一条绝路，冥思苦想人生的虚无，想一辈子也还是那么一回事，绝不会有柳暗花明的一天，反而窒息了生命的乐趣。不如把这个虚无放到括号里，集中精力做好人生的正面文章。既然只有一个人生，世人心目中值得向往的东西，无论成功还是幸福，今生得不到，就永无得到的希望了，何不以紧迫的心情和执着的努力，把这一切追到手再说？"

悲观的人认为希望就是地平线，即使看得见也永远无法到达，认为做得再多、再好也不过镜花水月，因此他们感到绝望，抱怨命运的不公，甚至用怒火发泄心中的不满。其实，失败不仅仅关乎能力，更关乎心态。悲观是一杯自酿的苦酒，如果你选择悲观处事，那么这杯酒会一直出现在你

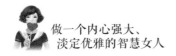
的身边，让你无时无刻不感受到这份苦楚。

20世纪的女作家，张爱玲的一生完整地诠释了悲观给人带来的负面影响是多么巨大。

张爱玲的一生聚集了一大堆矛盾，她是一个善于将艺术生活化、生活艺术化的享乐主义者，又是一个对生活充满悲剧感的人；她是名门之后，贵族小姐，却宣称自己是一个自食其力的小市民；她悲天悯人，时时洞见芸芸众生"可笑"背后的"可怜"，但在实际生活中却显得冷漠寡情；她通达人情世故，但她自己无论待人穿衣均是我行我素，独标孤高。她在文章里同读者拉家常，但在生活中始终保持着距离，不让外人窥测她的内心；她在20世纪40年代的上海大红大紫，一时无二，然而几十年后，她在美国又深居简出，过着与世隔绝的生活。所以有人说："只有张爱玲才可以同时承受灿烂夺目的喧闹与极度的孤寂。"这种生活态度的确并不是普通人能够承受或者是理解的，但用现代心理学的眼光看，张爱玲的这种生活态度源于她始终抱着一种悲观的心态活在人间，这种悲观的心态让她无法真正地深入生活，因此她总在两种生活状态里不停地左右徘徊。

张爱玲悲观苍凉的色调，深深地沉积在她的作品中，无处不在，产生了巨大而独特的艺术魅力。但无论作家用怎样流利俊俏的文字，写出怎样可笑或传奇的故事，终不免露出悲音。那种渗透着个人身世之感的悲剧意识，使她能与时代生活中的悲剧氛围相通，从而在更广阔的历史背景上臻于深广。

张爱玲所拥有的深刻的悲剧意识，并没有把她引向西方现代派文学那种对人生彻底绝望的境界。个人气质和文化底蕴最终决定了她只能回到传统文化的意境，且不免自伤自怜，因此在生活中，她时而沉浸在世俗的喧嚣中，时而又沉浸在极度的寂寞中，最后孤独死去。

张爱玲的悲剧人生让我们看到了悲观对一个人的戕害是多么惨重。女人要追求幸福的生活，就要让自己的心灵从悲观的冰河里泅渡出来。

的确，悲观的心态会摧毁人们的信心，使希望泯灭；悲观的心态就像一剂慢性毒药，吃后会让人意志消沉，失去前进的动力。所以，习惯于悲观看世界的人，要学会积极的自我暗示，引导自己发现生活中的美好。女人只有拥有了乐观的人生态度，才能凡事往好处想，才能于困境中找到机遇和希望，才能有战胜各种困难的勇气和决心，赢得人生和事业的成功！

有一位结婚不久的女子，总爱找各种借口向父母诉说丈夫的不是。父亲听后，拿出一张白纸在上面画了一个黑点，然后问女儿："你看，这是什么？"

女儿答道："黑点。"

"你再仔细看看。"

女儿仍是回答："还是黑点呀。"

父亲说："难道除了黑点，你就没看见还有这么大一张白纸吗？"

女儿点了点头，神情有些茫然。

回到家中，她仍然在想白纸与黑点的事情，她从中领悟到了一个道理，回想自己的丈夫，竟发现他有许许多多的优点，这时她才意识到自己是"入芝兰之室，久而不闻其香"了，并不是丈夫不好，而是自己的眼睛里看到的只是丈夫的缺点，而看不到丈夫的优点，故而烦恼。

著名作家柏杨先生曾说过："事物都有正反两个方面，如果在白纸与黑点面前缺乏识别能力，只注意黑点而忽略了整张白纸，那么，你的眼中

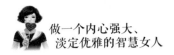
就是一个黑色的世界，它逼你承受压抑、失望、焦虑和痛苦，怨天尤人、郁郁寡欢的心情就会替代原本属于你的快乐和幸福。如果你注意的是整张白纸而不是黑点，那么，你心灵的天空就必然洁白、明朗、宁静，烦恼和痛苦也就会离你而去。"

可见，性格悲观的人总盯着黑点，自然看不到光明的世界。那些终日被烦恼所困扰的女人，不是看不到另外的世界，就是感受不到幸福的存在。其实，好也罢，坏也罢，只要你善于换一个角度看问题，别老盯着自己的痛处，烦恼就会烟消云散。

有一位智者说过："生性乐观的人，懂得在逆境中找到光明；生性悲观的人，却常因愚蠢的叹气，而把光明给吹熄了。如果你懂得生活的乐趣，就能享受生命带来的喜悦。"乐观的人，凡事都往好处想，以欢喜的心想欢喜的事，自然成就欢喜的人生；悲观的人，凡事都朝坏处想，越想越苦，终成烦恼的人生。世间事都在自己的一念之间，我们的想法可以想出天堂，也可以想出地狱。

世间许多事情本身并无所谓好坏，全在于你怎么看。很多时候我们之所以感到生活枯燥乏味，是因为我们的心态是枯燥乏味的。如果想使生活变得有滋有味，就要改变心态——变悲观心态为积极心态。只有这样，我们才能改变自己的生活。

叔本华曾说："事物的本身并不影响人，人们只受对事物看法的影响。"的确如此，否则为什么同样的事物会带给乐观者和悲观者完全不同的影响呢？并不是事物影响了我们，而是我们被自己对事物的看法限制住了。悲观的人为世界寻找消极的解释，于是他只能看到消极的世界，而同样的处境，心态积极的人却能从中看出灿烂和光明。

世上的每个人、每件物品、每件事，我们都能从积极和消极两方面进行解释，并得出截然相反的结论。我们看到的世界是什么样子，只取决于我们认为它是什么样子。如果你的心是明媚的，世界也会是明媚的。我们生活在同一个社会，环境其实也大致相似，有的人认为世界冰冷而苛刻，有的人却感觉世界仍有许多美好，其中的差异，只在于他们不同的心态。

如果你认为世界是不幸的，你就只会看到世上的不幸，或许你也向往幸福，但你观察世界的方式实际上是在寻找不幸。相对地，如果你抱着从每一个角落寻找乐趣的想法，你的生活就会是精彩而有趣的。女人保持积极乐观的心态，就等于是用一双专门寻找美、寻找乐趣的眼睛去观察世界。

给自己一个不抱怨的世界

生活中，很多女人遇到问题的时候喜欢向人诉苦、抱怨，而且这种抱怨还常常会和怒气联起手来，把女人搅得思维混乱。喜欢抱怨的女人未必不善良，但常常不受人欢迎。她们的本意可能是想让别人替自己打开一扇门，效果却是敦促别人把那扇本来为她们敞开的窗也关闭了。

一位名人在形容女人的抱怨时，曾说过这样一段话："有的女人会给抱怨披上一层华丽的外衣。比如，有的女人用抱怨当口红。她们会刻意地去渲染一种感伤，一种'我生活中的失落'，我这个不如意，那个不如意，把女人示弱时的那种楚楚可人当成一种装饰。这一切是在女人生活中不自觉发生的，并不完全见得是在她怒火中烧或者烦躁不堪的情况下的调节和宣泄，而是变成了向大家展示自己的一种方式。"这位名人所形容的女人喜欢抱怨家人、朋友、同事和上司，仿佛只要与她们有接触的事或人，她们都无一例外地抱怨。因为这些抱怨，她们每天都带着灰暗的心情工作和生活。其实，抱怨是一种心理不平衡的感觉，是一种追求不切实际的完美的心理，是一种情绪化的心态，伤己伤人。

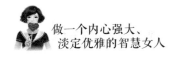
从纽约一所大学的文学专业毕业之后，安娜被人介绍给一位职业作家当助手，做文字编辑、润色以及提出修改意见的活儿。

也许是这位职业作家看安娜刚从学校出来不太容易吧，就给她开出了一个按道理来说还是比较不错的工资待遇：每3篇作品付酬3000美元。然而，年少气盛的安娜却没有体会到这位职业作家的善意用心，在跟着这位职业作家一块儿工作编辑完一篇作品之后，心里就开始嘀咕自己付出的劳动是不是有些便宜了，"哪能按篇数来算呢，起码也得按小时来算嘛"。

就这样，她越想越觉得委屈。于是，寻得一个机会，安娜向这位职业作家提出了这件事儿，并大声地争辩说，职业作家如何利用了她的廉价劳动力。听了安娜的牢骚，这位职业作家沉思了片刻，然后对她说道："如果说，你能够精确地记录下自己的具体工作时间，我可以答应你按照小时来计算报酬。"接着，这位职业作家给安娜开出了每小时支付25美元的标准。安娜高兴地点头同意了，因为她每小时的工作从来就没拿到过这么高的报酬。

不过，就在伏案编辑第二篇作品的时候，安娜顿时发觉事情有些不妙了：每个小时都要喝水，每个小时都要去厕所，每个小时都要适当地活动一下……如此七扣八扣，安娜花在这第二篇作品上的时间为10个小时，算下来也就赚了250美元。

这下子，安娜才发现，自己搬起石头砸了自己的脚，就又去找这位职业作家谈判了："由于按照时间来计算，我们的工作场所已经失去了融洽与轻松，我想还是恢复到原来的那种安排吧。"

这一回职业作家却不同意了，他说："小姑娘，我可没有觉得失去了那种融洽与轻松，我一直都把它埋在自己的心里。如果你觉得失掉了的话，那么就该由你自己去把它找回来，不关我什么事的。"末了，这位职业作家叹着气又说："小姑娘，根本不是什么融洽与轻松的问题，而是你深深地钻进了抱怨的怪圈中——整件事都见你不停地嚷来嚷去，结果就把你自己折腾得一刻也不得安生了。当然，还把我也给搭了进来……"

抱怨解决不了问题，相反，埋怨问题的发生或是过度地自怨自艾，还会增加你的压力，让你更难处理那些干扰你的事情。

生活本来就不是事事如意的，生活本来就不会十全十美，相反，起起落落、悲欢离合才是家常便饭。这是现实，你必须承认，所以你不要抱怨。能够忍受不公平的待遇，并且以平常的心态对待，这是人生的一个境界，也是我们努力追求的方向。坦然面对生活，用微笑来迎接一切困难。如果一旦遇到波折、困难或不顺心的事，就抱怨他人，感叹自己怀才不遇，悔恨明珠暗投，对生活失去兴趣，对美好的东西失去追求，这种心理不仅会磨损人的志气，而且是一个人生活幸福的致命伤。

生活幸福与否，取决于个人对人、事、物的看法，因为生活是由思想造就的。很多女人都喜欢生活在抱怨和郁闷中，那是因为她们总是对环境有这样或者那样的不满，而看不到生活中的幸福的一面。

常常抱怨的女人，其实是不热爱生活的女人，或者说是不理解生活的女人。生活是需要你理解的。你不理解生活，你就会有愤愤不平的感觉，你就会有怀才不遇的感觉，你就会有牢骚满腹的感觉，你就会有运气不佳的感觉。

曾经有一对夫妻，结婚之前十分甜蜜，可是婚后两个人隔三岔五地就会因为一些鸡毛蒜皮之类的小事情斗嘴、生气，最后两人烦不胜烦，迫不得已找到了心理学家咨询。心理学家耐心地听完两人滔若江河一般的抱怨之后，只是简单地说了一句话："你们当初结婚的目

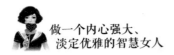
的就是为了这无休无止的抱怨吗？"夫妻二人顿时面面相觑，哑口无言，他们想到了婚前的甜蜜，想到了婚礼上许下的誓言，立刻明白了过来，立刻手牵手，开心地离去了。很快，这对夫妻就过上了恩爱似蜜的生活。

抱怨是世界上最没有价值的语言，只是一味地去抱怨自身的处境，对于改善处境没有丝毫益处，只有先静下心来分析自己，并下定决心去改变，付诸行动，你的处境才能向着你所希望的方向发展。一分耕耘、一分收获，不要企望在抱怨或感叹中取得进步，事情的进展是你的行为直接作用的结果。事在人为，只要你去努力争取，梦想终能成真。

抱怨生活只是弱者失败的借口。生活本来就是不公平的，女人请永远不要抱怨生活，因为生活根本不知道你是谁！只有我们用积极乐观的心去面对生活中的不如意，心中的乌云才会慢慢散开。

第三章　逆风飞扬，
风轻云淡笑对困境

只要勇敢面对，终会越过荆棘

有位哲人这样说："没有磨难的人生是空白的人生。没有倒下就没有跃起，没有失败就难言成功，也不可能具备百折不挠的坚韧。"在这个世界上，但凡那些成功女人，都有着一种极强的承受生活变故的能力，性格上，她们坚强不屈，意志坚定。

杜鹃的父母早亡，家里又没有太亲近的人，她从小就在村里流浪，靠村民的施舍度日，当然，上学对她来说更是奢望。

在她10岁那年，她离开了生她养她的村子，到大城市里以捡破烂为生，并且与一位同样艰难度日的老婆婆相依为命。但杜鹃是个坚强而好学的姑娘，她用捡破烂的钱买来纸笔学写字，趴在教室外听课……

后来，她在一家公司找了一份保洁的工作，用微薄的工资生活，还经常买书学习。23岁那年，杜鹃参加了成人高考。

正当生活有了转机的时候，她得了肝病，工作没有了，学习也被迫中断。无力支付药费的杜鹃也曾想过就此了却一生，但她永远忘不了充满苦难的童年，舍不得曾收留她的老婆婆……杜鹃回到家乡，在乡亲们的帮助和自己的努力下，看好了病。她想接着参加高考，不料遇到大雨，坍塌的泥墙砸断了她的一条腿，让她落下了残疾……乐观的杜鹃没有因此而退却，她决心凭自己的努力闯出一条路来。

她挂着拐杖，跑遍了各地，寻找致富门路，最后结合家乡地广人稀的特点，发展了药材种植业。

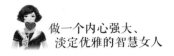
创业的艰辛对于一个残疾姑娘来说，那种难度很难想象，但杜鹃却凭一股韧劲儿，硬是挺了过来。

现在，她已是一家药材公司的总经理，并且又在开发养殖业。从来没有人想过，在她成功的笑容背后有多少血与泪。

俗话说世事无常，生活中并不总是一帆风顺、风和日丽，其间也会夹杂许多阴霾和磨难。当磨难来临的时候，只知道害怕和退缩的女人会被环境无情地吞噬掉，只有那种勇敢、坚强、充满智慧的女人才能最终战胜磨难，拨云见日般地走向成功。

她是一位优秀的跳水运动员，这次，她要去参加一个重要的国际比赛。无论是教练还是观众，都一致认为她是最有希望夺得冠军的人选。她不负众望，发挥稳定，表现出色，以一个个高难度的动作征服了评委。

但就在最后一跳的时候，大家以为冠军非她莫属了，可惜她竟然出现了技术失误。裁判给了她全场最低分，一下子，她失去了优势，最后她只拿了第二名，与冠军的成绩相差0.1分。

这个结果让她和教练遗憾地哭成一团，当所有观众看到这一幕的时候，都为之动容。她自责、懊悔，认为自己辜负了祖国人民的希望，也辜负了教练的悉心培养，更辜负了自己的汗水和努力，她不知道如何面对一直关心自己的人们。

她坐在返程的飞机上，头脑中浮现的是那场比赛最后几分钟的情景。她害怕记者的追问，更不敢去面对辱骂和嘲笑，在下飞机之前她心中的不安达到了极点。

但她错了，当她走出机场的时候，眼前的景象让她感到意外。许多观众手捧鲜花，在机场外面等待着她的到来，显然他们没有因为她的失误而责怪她。有的人手中还举着标语："失败了也要昂首挺胸！""这些会过去。"

三年之后，她再次代表国家出战，这一次她没有出现失误，得到了久违的冠军奖牌。

哲学家罗素说过："遇到不幸的威胁时，认真而仔细地考虑一下，最糟糕的情况可能是什么？正视这种不幸，找到充分的理由使自己相信，这毕竟不是那么可怕的灾难。这种理由总是存在的。因为在最坏的情况下，在个人身上发生的一切决不会重要到影响世界的程度。"

其实，生活中的每一个挫折，都是上天在考验人的意志。所以，当挫折摆在面前时，不要惊慌，也不要难过，应坚定地对自己说："我能行。"这样，你就必定可以站起来，然后坦然地拍掉身上的灰尘，朝着自己的目标前进，从而获得愉快的体验。倘若你总是畏惧挫折，便不可能取得什么成就，甚至会威胁到自己的身心。

她从小就"与众不同"，因为小儿麻痹症，随着年龄的增长，她的忧郁和自卑感越来越重，甚至，她拒绝所有人的靠近。但也有个例外，邻居家那个只有一只胳膊的老人却成为她的好伙伴。老人是在一场战争中失去一只胳膊的，老人非常乐观，她非常喜欢听老人讲的故事。

这天，她被老人用轮椅推着去附近的一所幼儿园，操场上孩子们动听的歌声吸引了他们。当一首歌唱完，老人说着："我们为他们鼓掌吧！"她吃惊地看着老人，问道："我的胳膊动不了，你只有一只胳膊，怎么鼓掌啊！"老人对她笑了笑，解开衬衣扣子，露出胸膛，用手掌拍起了胸膛……那是一个初春，风中还有着几分寒意，但她却突然感觉自己的身体里涌动起一股暖流。老人对她笑了笑，说着："只要努力，一只巴掌一样可以拍响。你一样能站起来的！"

那天晚上，她让父亲写了一个纸条，贴到了墙上，上面是这样的

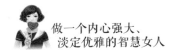
一行字：一只巴掌也能拍响。那之后，她开始配合医生做运动，甚至在父母不在时，她自己扔开支架，试着走路。蜕变的痛苦是牵扯到筋骨的。她怀有无限的希望，她坚持着，因为她相信自己能够像其他孩子一样行走，奔跑……

11岁时，她终于扔掉支架。她又向另一个更高的目标努力着，她开始锻炼打篮球和田径运动。1960年罗马奥运会女子100米跑决赛，当她以11秒18第一个撞线后，掌声雷动，人们都站起来为她喝彩，齐声欢呼着这个美国黑人的名字：威尔玛·鲁道夫。那一届奥运会上，威尔玛·鲁道夫成为当时世界上跑得最快的女人，她共摘取了3枚金牌，也是第一个黑人奥运女子百米冠军。

没有什么困难是战胜不了的，威尔玛·鲁道夫的成功恰恰说明了这一点。困难并不可怕，可怕的是你不能以正确的态度面对困难。在困难中，使人倒下的往往不是困难本身，而是消极悲观的态度，是缺乏战胜困难的勇气和信心，是没有坚强的意志。

在人生的道路上，我们会遇到种种困难，这些仿佛都是上帝安排好的，但我们无须抱怨，因为上帝在关上一扇门的时候，往往同时会打开一扇窗。所以，我们只有经过不断的努力，才能找到新的出口。

顽强的毅力可以击垮厄运

俗话说：能登上金字塔的只有两种生命：雄鹰和蜗牛。雄鹰是靠飞行，很容易就上去了，而蜗牛是靠毅力一点一点爬上去的。

毅力是人的一种心理忍耐力，是一个人完成学习、工作、事业的持久力。当它与人的期望、目标结合起来后，它就会发挥巨大的作用。要实现远大的理想，就必须增强你的毅力。没有毅力，理想就无法实现，没有理想，毅力就无从产生，这两者是相互依存的。

历史上大凡有成就的女人，无不在事业上具有顽强的毅力，一步一个脚印，踏踏实实，向着既定的目标，义无反顾地迈进，从而成就美好的理想。

张海迪，这个名字伴随着现在多数青年人长大，她是整整一个时代的偶像，曾一度被外媒认为是顺应时代需要塑造出的典型。多年以后，张海迪平静地说："我自己塑造了自己。"时势只是造就了一个舞台，而真正让她翩然起舞的，是她内心的强大力量和对信念的坚守。她的身上时刻透射出一种顽强坚毅的魅力。

张海迪5岁便因患脊髓血管瘤造成高位截瘫，10岁之前，她已经动过三次大手术。

1976年，张海迪第四次脊椎手术后，医生甚至设想了她会死去的几种可能：肺炎、泌尿系统感染、褥疮——这是脊髓损伤病人最可能死去的症状。"可我依然活着。"若干年后成为作家的张海迪宣称，她的生命力一次次粉碎了医生的预言。

很早时，海迪就给自己"开处方"，她知道怎么预防感染，把自己收拾得很干净，条件再差也要洗头洗澡，晒衣服晒被褥。

她会给自己针灸、注射、按摩，给褥疮换药。看不见的地方就照着镜子。"我想尽一切办法让自己好起来。"

最重要的是，她说自己"学会了有病装没病，有残疾装没有残疾"。

她像健康人一样穿着，虽然搬动双腿很费力，可努力就能做到。她像健康女性一样打扮自己，整齐干净。即使躺在病床上，也要挣扎着让自己整洁清爽。

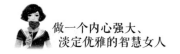
多年后，张海迪见到了她童年时的主治医师张成，她的状态令张成惊愕不已，他没想到海迪仍活着。个中原因，他无论如何也未能参透。这位主治医师只是不停地说，乐观顽强是关键。

不仅如此，张海迪还在病床上、轮椅上学完了小学、中学全部课程，自学了大学英语、日语、德语和世界语，并攻读了大学和硕士研究生课程。如今的张海迪已是哲学硕士，并成为一名中共党员。她还有山东省作家协会创作室一级作家，第九届、第十届全国政协委员，中国残疾人联合会副主席，中国作家协会全国委员会委员，山东省作家协会副主席等头衔。

在残酷的命运挑战面前，张海迪没有沮丧和沉沦，而是以坚强的毅力和恒心与疾病做斗争，经受了严峻的考验，对人生充满了信心，影响了一代女性。

清代金兰生在《格言联璧》中写道："经一番挫折，长一番见识；容一番横逆，增一番气度。"生命是一次次的蜕变过程，唯有经历各种各样的折磨，我们才能拓展生命的厚度。一次又一次与各种折磨握手，历经反反复复几个回合的较量之后，人生的阅历就在这个过程中日积月累、不断丰富。

美国玛丽·凯化妆品公司的董事长玛丽·凯是一个大器晚成的成功女性。在创业初期，她历经过失败，承受了很大痛苦，走了不少弯路。但她从来不灰心，不泄气，用坚忍成就了自己的辉煌。

20世纪60年代初期，已退休在家的玛丽·凯不满足于寂寞无聊的生活，突然决定再拼搏一番。经过慎重而仔细的思考，她用一辈子的积蓄5000美元作为全部资本，创办玛丽·凯化妆品公司。

为了帮助母亲实现自己的理想，两个儿子一个辞去一家月薪500美元的人寿保险公司代理商，另一个也辞去了休斯敦月薪800美元的职务，加入到母亲创办的公司中来，宁愿只拿250美元的月薪。玛丽·凯明白，这是背水一战，是在进行一次人生中的大赌博，只能成功，不能失败，否则，不仅自己一辈子辛辛苦苦的积蓄将血本无归，而且还可能连累两个儿子。

在公司创建后的第一次展销会上，她隆重推出了一系列功效奇特的护肤品，她充满信心，认为这次活动会引起轰动，一举成功。可是，她的如意算盘落空了，整个展销会下来，她的公司只卖出去1.5美元的产品，意想不到的残酷打击使她失声痛哭起来。

这次惨败，迫使她对自己进行反思。

她经过认真的分析，终于找到问题所在：在展销会上，她的公司从来没有主动请别人来订货，也没有向外发订单，而是希望女人们自己上门来买她的护肤品……难怪展销会是如此的结果，守株待兔让她付出了惨重的代价。

商场就是战场，从来不相信眼泪，哭是不会哭出成功来的。玛丽擦干眼泪，从这次失败中站了起来，在抓生产管理的同时，加强了销售队伍的建设……经过20年的苦心经营，玛丽·凯化妆品公司由初创时的9个人发展到现在的5000多人；由一个家庭小公司成长为一个国际性的大公司，拥有一支20万人的营销队伍，年销售额超过3亿美元。

玛丽·凯终于实现了自己的梦想，是坚忍的毅力把她推向成功，是坚定的信念、永不放弃的品格引导她走向辉煌。

古人说："锲而舍之，朽木不折；锲而不舍，金石可镂。"顽强的毅力是取得成功的最好秘诀，没有顽强毅力的人将一事无成。

毅力能够决定我们在面对困难、失败、诱惑时的态度，决定我们是倒了下去还是屹立不动。如果你想重振事业、如果你想把任何事做到底，单单靠着一时的热劲是不成的，你一定得具备毅力方能成事，因为那是你产

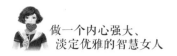
生行动的动力源头，能把你推向任何想追求的目标。具备毅力的女人，她的行动必然前后一致，不达目标绝不罢休。

在人生的道路上，总会出现许多的坎坷和不平，当我们遇到困难和挫折的时候，我们要用毅力和智慧去征服它们，只有这样，才能顺利地到达成功的彼岸。

面对挫折，不轻言放弃

不管做什么事，只要放弃了，就没有成功的机会；不放弃，就会一直拥有成功的希望。如果你有99%想要成功的欲望，却有1%想要放弃的念头，这样也只能是与成功擦肩而过。不幸的是世界上有太多的放弃者。

做什么事都会有挫折与困难，遇到挫折与困难时放弃，有的人一次就放弃，有的人两次后放弃，也有的人坚持到五次后放弃，不管几次，放弃的结果是一样的——失败。失败几次不要紧，只要不放弃，就只有一种结果——成功。

有两个不同的女孩，有着相同的梦想，但结果却截然不同。

一个是著名工程师和知名大学教授的女儿，人长得很漂亮，毕业于名牌大学。她最大的梦想就是有朝一日自己能当上电视节目的主持人。她觉得自己有这方面的天赋，父母也都很赞同、支持她的理想。后来她参加了一个地方电视台举办的一场主持人挑战赛，最终的结果让她大失所望，她的成绩竟然排到了倒数几名。遭受这个打击后，女孩再也不敢去做当主持人的梦了，她觉得自己不是那块料。

另一个女孩也很漂亮，但却没那么优秀，只毕业于一所民办大学。她的家庭条件不好，无法为她提供可靠的经济来源。所以，她只能白天出去打工，晚上到一所大学舞台艺术系进修。一拿到专业毕业证，她便开始谋职。她跑遍了全省的大小电台、电视台，经历了一次又一次的拒绝。但她没有放弃，最后终于被一家很小的广播站录用，在那儿她当上了主持人。有一次，省电视台和该小广播站联合录制一台晚会，她表现得很出色，引起了省电视台领导的注意，把她叫到省电视台试镜。结果，她被录用了，终于实现了自己到电视台做节目主持人的梦想。

这个故事向我们昭示：命运全在搏击，奋斗就是希望。失败只有一种，那就是放弃。在困难面前，永远不要轻易说放弃。放弃必然导致彻底的失败；而不放弃，总会找到解决的办法，总会有所收获。所以，无论遇到什么困难，我们永远都不要轻易放弃！不放弃，是你跃过峻岭沟壑的勇气，涉过激流险滩的毅力，拥有了它，你会走出今日的困惑，拥有了它，你便拥有了一个光辉灿烂的明天。

居里夫人发现镭的伟大功绩和获得诺贝尔奖的荣誉，像一声春雷轰动了整个世界。但这成功的背后，她经历的种种挫折和失败也是值得我们深思的。

最初居里夫人只是理论上推测出新元素"镭"的存在，但无法用事实证明，所以巴黎大学的董事会拒绝为她提供所需的实验室、实验设备和助理员，她只能和丈夫在一个无人使用、四面透风漏雨的破旧大棚里进行艰苦的实验。

她的辛苦常人无法想象：她将大袋的沥青矿渣倒在一口大铁锅里，用棍子搅拌，不断地溶解分离。经过一千多个日夜的辛苦工作，八吨小山一样的矿渣最后只剩下小器皿中的一点液体，但它始终没变成居里夫人预测中的一小块晶体——新元素"镭"，四年努力付诸

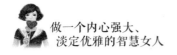
东流！

晚上，居里夫人疲倦地回到家，躺在床上还在想那团污浊的液体，想找出失败的原因："如果我知道为什么失败，就不会对失败太在意了。"突然，她眼睛一亮，也许镭就是那个样子。她马上与丈夫起身跑到实验室，还没等开门，就从门缝里看到了她伟大的"发现"，器皿里不起眼的那团污迹，此时在黑夜中正发出耀眼的光芒，这就是镭，一种具有极强放射性的元素。

面对缺乏经费、实验环境恶劣的困境，居里夫人没有退缩，而是选择了坚持。面对四年汗水付出而只得到的一团污迹，居里夫人也没有气馁。所以大多数人与成功失之交臂，而她最终取得了成功。

"行百里者半九十。"最后的那段路，往往是一道最难跨越的门槛。其实每一个人的一生中，无论工作或生活，都会或多或少地出现这样那样的极限环境，或者说极限困境。有的时候就需要那么一点点毅力，一点点努力的坚持，成功就能触手可及，而不是充满遗憾地擦肩而过。

世上的事，我们只要不断努力去做，就能战胜一切。哪怕事情再苦、再难，只要我们不放弃，只要我们"再坚持一下"，我们就有希望，就有成功的可能。

王树彤文静而秀丽，个子不高，甚至有些娇弱，不管怎样看，你都很难把这个柔柔弱弱的年轻女子与卓越网惊人的业绩联系起来——然而，正是这位娇弱的女性把卓越网从无到有，从小到大，办成了中国第一的电子商务网络。可以说，卓越网的每一步成长都与王树彤骨子里特有的女性的坚持密不可分。

王树彤的理智和忍耐是让人佩服的，尤其是在一批曾经风云一时的商务网站纷纷倒闭的那段时间，卓越网几乎是在人们的骂声与怀疑中艰难地向前行进着，王树彤承受着各方面巨大的压力，她忍耐着，坚持着，没有放弃，没有退缩，直至取得今天不俗的成绩。据有关资料统计，卓越网一天最多能卖出五千多套产品，而且，一套共11本书的《加菲猫》三个月的网上销量等于西单图书大厦相同产品5年的总销量，一套由11张VCD组成的《东京爱情故事》一个月的销量是北京音像批发中心同一产品两个月的总进货量。在某个统计报告中，卓越网网站流量位于全国所有电子商务网站的前列。难怪最后王树彤本人都说："其实我们都低估了互联网的力量，我们也没有想到会如此之快地取得今天的成绩。"王树彤坚持到了最后，终于得到了回报。

只要不放弃，总会有机会。我们的一生不可能总是一帆风顺，只要敢于坚持，决不放弃，那些不可能的事，也会变为可能。很多时候，在我们人生的道路上，面对困难和挫折时，我们能够咬着牙坚持着熬过最漫长最艰难的时刻；可当成功将要与我们伸手相握的时候，却因为我们最终的放弃，便与之擦肩而过了。女人想要成功，在面对挫折时，就要不轻言放弃。

逆境练就女人完美幸福的人生

霍兰德说："在最黑的土地上生长着最娇艳的花朵，那些最伟岸挺拔的树总是在最陡峭的岩石中扎根，昂首向天。"女人要想在逆境中脱颖而出，就该拿出魄力和勇气，战胜困难，冲破逆境。

人生不如意是常事。尽管每个女人都渴望幸福的生活，但是，曲折、磨难、逆境总会不请自到。关键是我们自己要调整好心态并努力为之奋斗。越是身处逆境，我们越不能向命运低头；越是遭到挫折，我们越要懂得发奋；越是遭遇厄运，我们越要活出精神！

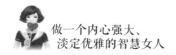
　　同样面临逆境，有的人跨了过去，功成名就；有的人乃至有些高智商人才，却陷了进去，被淘汰出局。究其原因，就在于他们是否拥有应对逆境、解决现实难题的能力。人生不会一帆风顺，但逆境不会长久，强者必然胜利。一个人只有经历熔炼和磨难，百折不挠，才能激发惊人的潜力，铸就非凡的辉煌。

　　塞万提斯被誉为西班牙文学世界里最伟大的作家。1547年，他出生于一个贫困之家，父亲是一个跑江湖的外科医生。因为生活艰难，塞万提斯跟随父亲到处东奔西跑，直到1566年才定居马德里。颠沛流离的童年生活，使他仅受过中学教育。他22岁参加西班牙军队，结果在一次与西班牙的海战中，他不幸身受重伤，左手致残。1575年他离开军队，回家途中却不幸遇到摩尔人海盗，他被抢到阿尔及尔作为奴隶出卖，有过一言难尽的痛苦和艰辛。一直到1580年，他才被父母赎身获得自由。为了生计，塞万提斯在海军中充任军需职务，后来却因涉嫌挪用公款案，蒙冤入狱。三个月后，他被无罪释放，但是却一直找不到好工作，一家人的生活没有着落，他们重又徘徊在饥寒困顿中。当时一家七口人挤在一所下等公寓的小房子里，楼上是妓院，楼下是小酒楼，白天晚上都十分嘈杂。但正是在如此嘈杂和恶劣的条件下，他在狭窄的过道上放一张极为简单的书桌，从事《堂吉诃德》的创作，并一举成名。

　　在生活中，没有人喜欢逆境和挫折，但是唯有它们，才会让人不断反省、进步。女人只有弄清自己的弱点和不足，明白理想同现实的距离，才能够克服困难，真正让自己成熟起来，走向成功。

　　人的一生就是不断地在挫折中奋战，萌生希望，实现理想。挫折可以让人一蹶不振，也可以让人大红大紫。对待挫折，既不应逃避，也不应自暴自弃，只要认真分析、了解挫折产生的原因，正确地采取应对挫折的办法，我们就一定可以战胜挫折。

日本独立公司是专为伤残人设计和生产服装而设立的，赢得消费者的好评。

这家公司的老板是一位叫木下纪子的妇女，过去她曾管理过两个室内装修公司，并且小有名气。可是，正当她在选定的道路上迅速发展的时候，不幸降临到她的头上，她突然中风，半身瘫痪了，连吃饭穿衣都难以自理。当她从极度的痛苦中摆脱出来、清醒思考的时候，她问自己：这辈子难道就这样了结了吗？不！必须振作起来。穿衣服这件事虽然是个小事，但又是每天都遇到的事情，对一个残疾人来说是多么重要啊！难道就不能设计出一种供伤残人容易穿的衣服吗？

一个新的念头突然而至，使她顿时兴奋起来。她忘记了自己的痛苦，甚至忘记了自己是一个左半身瘫痪的人。

木下纪子根据自己的设想加之以往管理的经验，办起了世界第一家专门为伤残人设计和生产服装的服装公司——"独立"公司。"独立"这个字眼不仅向人们宣告伤残人的志愿和理想，同时也说出了木下纪子自己的心声：她要走一条独立自主的生活道路。

木下纪子按残疾人的特点及心理，设计出适合他们穿的服装。独立公司开张后生意日益兴隆，有时一个季度就可销售五万多美元的服装。由于事业上的成功，在日本这个以竞争著称的国家，她竟然得到了十家不同行业的支持。木下纪子还准备把她的产品打入国际市场，她的这一计划不仅得到日本政府的支持，同时也得到了外国友人的帮助，她和一家美国同行组成了一个合资公司。

木下纪子为公司的发展呕心沥血，走过了漫长的路。她向一位来访者宣称："为伤残人生产产品固然重要，改变伤残人的形象更重要。尽管我们的身体残废了，但我们的精神并没有残废。我所做的就是想让人们看到我们伤残人不但生活得非常有朝气，而且也同样是生

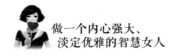
活中的强者。"

面对逆境，沮丧、灰心、绝望地悲叹命运不公都无济于事。在逆境中，我们要保持一颗乐观向上的心，坦然面对失败，从现在开始，凭借自身有的力量，挑战生活，挑战逆境。我们相信，任何困难和艰险都不会阻止我们迈向成功的脚步。我们只有历经磨难，才能到达巅峰，才能看到最美的风景。逆境不可怕，可怕的是我们没有挑战逆境的勇气。只有认真、努力地对待逆境，它才会变成一条蜿蜒的小路，将我们导引向成功的殿堂。

逆境是磨刀石，逆境是试金石，逆境是助推器，逆境使女人成熟。经历了种种苦难，女人才能更完美，才能真正品尝到幸福。只要我们在逆境面前迎难而上，直面挫折，定能成就幸福完美的人生！

在不甘屈服者面前，苦难会化身礼物

《百家讲坛》两位名嘴于丹和康震说过这样一句话："苦难是滚水，但我们可以将它煮成一杯香茶。"这个比喻跟现实很贴切，它道出了苦难对于我们的意义：苦难是我们手中的一杯滚水，它能否成为一杯香茶，关键在于我们往里面添加什么佐料。

面对当今越来越复杂的社会，在背负巨大心理压力的同时，我们经常还会碰到各种各样的困难和挫折，如失业下岗、家庭变故、婚姻失败、学业不顺、经济困难等诸多问题。当这一切问题突如其来无法解决时，一切取决于我们内心是否强大。

事实上，每个人在一生中都会遇到诸多的不顺心，秉性柔弱的女人在遇到困境时，看不到前途的光明，抱怨天地不公，甚至破罐子破摔，在精神上倒下了；而秉性坚忍的女人在遇到困境时，能够泰然处之，认定活着就是一种幸福，无论是顺境还是逆境，都一样从容安静，积极寻找生活的快乐，不浪费生命的一分一秒，于黑暗之中向往光明，在精神上永远不倒。

林兰是一名由知青成长起来的女心理学家，她创办的国际咨询有限公司是国内首家心理咨询机构，为国家培养了大批专业人才。林兰的成功，始终伴随着磨难的身影。也正是这种人生的磨炼，让她更成熟、更坚强，从而更成功。

1968年，初中毕业的林兰从上海上山下乡来到与苏联一江之隔的黑龙江省萝北县，成了黑龙江生产建设兵团的一名知识青年。地域的巨大差异以及由于家庭成分不好而受到的歧视使林兰的处境异常艰难。但这个特别要强的女孩子，没有被环境击垮，她在心底叮咛自己：越是出身差，越是要干好，不然一辈子都没有抬起头来的一天。

收割玉米的季节，地里寒风刺骨，林兰起早贪黑，天天泡在地里，目的只是多掰几个玉米棒子，即使生病也不退缩；80公斤的粮包，全团没几个女知青能扛起来，而此前从未干过重体力活的林兰，咬着牙扛起了粮包，而且毫不比男知青逊色……

这些刻意的磨炼，不光铸就了她强健的体魄，更铸就了她钢铁一样的意志，让她在经历一些今天看来难以承受的苦难时，宛若寻常。

"珍宝岛事件"前夕，林兰被调到一片原始森林里修筑战备公路，熊吼虎啸虽然使人胆战心惊，但更麻烦的却是蚊子。如果无意间裸露出的一块皮肤觉得痒时，一巴掌下去，拍死的蚊子最少也有四五十只；吃饭时不戴皮手套，蚊子的叮咬，让手里端的碗十有八九会摔到地上；最难办的事是解决"内急"，人们对蚊子是望而生畏，后来大家想了个办法：在树的顶端修建一座厕所，那里蚊子难以企

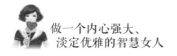
及。此后，在整个修路期间，林兰每天都为上厕所而不得不爬木梯。在林兰的回忆中，修路过程不单单是艰辛和寂寞，更多的则是她对世事的理解和感悟。

千辛万苦走过，都是人生磨炼。在黑龙江的14年，对于林兰来说，是永远不会磨灭的记忆、体验和积累，包括读师范、考大学、当老师。此后每逢选择或挫折，东北的那段经历都会让她底气十足。

1986年，已从东北师大毕业分配到上海社科院工作了4个年头的林兰，为了一个并非十分清晰的目标，托关系、找朋友，在毫无保障的情况下，走进了美国纽约市立大学。

刚到美国，纽约并没善待她这个远方的来客。出了机场大门，很不熟练的英语就给了30岁出头的林兰当头一棒。好不容易找到栖身之处，又发现兜里的钱只剩几十美元，吃饭问题要解决，每学期2000多美元的学费也迫在眉睫……

经过磨难洗礼的林兰再次选择了坚强和拼搏。街道边开的一间饺子铺。这引起了她的注意。她琢磨，这也许是个机会，然后就走进店里，对老板说她需要一份工作。老板问她会不会包饺子，她拿出当知青时练就的手艺当场就包了几个。老板见她包得又快又好。造型上还极富创意，马上就决定要她。从此，林兰开始了她在美国的第一份工作——包一个水饺，赚两美分。

纽约的冬天滴水成冰，路面上未及时清扫的雪很快就结成薄冰。一天晚上，林兰离开饺子铺已是时近午夜，她快步行走在空寂无人的大街上，思绪万千。突然，脚下一滑，还没反应过来，她已经躺在人行道上，而脚脖子也痛得失去了知觉。环顾四周，除凄冷的风外没有一个人影或车灯。她试着活动一下腿脚，钻心的痛楚让她冒出一身冷汗，她想一定是腕部骨折了。她想等人来帮，但很久以后大街上还是她一个人；躺在这里，肯定会冻死。她爬到一盏街灯旁边，扶着灯柱，咬着牙把那条伤腿拎了起来，然后轻轻地落地，然后慢慢站起身来，然后试着挪步。一步一抽气，一步一喘息。滴水成冰的夜晚，林兰走得满身大汗。也不知过了多长时间，她终于挪回了租来的屋子。

万幸的是，次日一检查，她的脚脖子并未骨折，只是比较严重的扭伤。

包饺子、做清洁工、做居家护理，生活关过了，语言关过了。经过两年艰苦奋斗，她修完了全部专业课，拿到了个性心理学、心理咨询学和教育课程学的跨学科硕士学位。

在进修心理学期间，林兰不满足于所学，她又参加了《对卓越的投资》的学习。

刚一接触她就喜欢上了这门课，并且决定以传播这门心理课程作为自己未来事业的发展方向。1995年，上海留学生服务中心与林兰洽谈后，决定扶持她在国内发展事业。在为林兰垫资400美元注册后，美国太平洋研究院中国总部及上海蒂比尔（TPI）国际咨询有限公司即宣告成立。

公司开始运作后，困难非常多，没办公室，没教室，没有国内的传播实力与传播渠道。不过这些困难对于林兰来说，都不足以阻挡她的前进，她总能想到办法逐一解决。没办公室就在娘家腾出一间房，没教室就出去租场地，没传播渠道就通过朋友联络朋友。公司成立没多长时间，林兰在新华社上海分社公关公司的会议室里，和十几位首批学员一起开始了国内第一课。

虽然万事开头难，但就像婴儿诞生后，只要给予足够的空气、阳光、食物、水，他自然会健康地成长。林兰的公司和她开设的《对卓越的投资》课程，在上海迅速开辟出了市场：外企找她，国企找她，机关找她，高校也找她。林兰倾注的心血没有白费，她的付出有了回报，在中国这块土地上，她把这门心理课程从小苗培植成了大树。

生活中，很多事情并不会按照我们预想的方式发展，很多不期而遇的

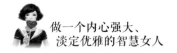
苦难给予强者坚强，给予弱者的则是畏惧和妥协。所以，在"山穷水尽"的时候，只要再坚持一下，我们就能熬到"柳暗花明"的一天；在"风雪寒冰"的冬日，只要再坚持一下，我们就能等到"万紫千红"的盛夏。

苦难是一种财富，是对人生的一种考验。法国作家巴尔扎克说过："苦难对于天才是一块垫脚石，对能干的人是一笔财富，对弱者是一个万丈深渊。"虽然每个人都不希望苦难降临在自己身上，然而苦难却不偏不倚地降临在每个人的身上。人是从苦难中成长起来的，没有苦难的人生是不完美的人生，就像没有风雨的天空就是不完整的天空一样。人生只有经受过苦难，思想才会受到锤炼，灵魂才会得到升华，意志才能变得坚强，才能真正认识人生，从而实现人生的最大价值。

磨难是对一个女人最彻底的重塑，它磨掉了女人的娇柔脆弱，培养了女人的坚忍刚强，从而使其在人生的道路上走得更稳健、从容。只有那些经历人生磨难的女人，才真正懂得生活的内涵、奋发的真正含义，也只有她们撑起的天空才绚烂多彩。

做一朵风雨中的铿锵玫瑰

生活的一帆风顺是美丽的童话，而接受风雨的洗礼则是生活的真实。女人在逆境中改写自己的命运，就像一朵朵风中怒放的玫瑰，向世人诠释坚忍的内涵。

"不经历风雨，怎能见彩虹"，任何一种本领的获得都要经由艰苦的磨炼；任何香甜的果实，都是勇士战胜艰难险阻，用自己的血汗浇灌的。

古往今来，有许多名人都是经过风雨的洗礼后才获得成功的。司马迁虽遭受宫刑，蒙受大辱，但却扛过磨难，发愤写完了辉煌巨著——《史记》；张士柏经历了从游泳健将到高位截瘫的巨大变更，却并未因此一蹶不振，反而将它化为动力，勤奋学习，完成了许多健康人都做不到的事情；德国诗人海涅生前最后八年是在"被褥的坟墓"中度过的，他手足不能动弹，眼睛半瞎，但生命之火不灭，吟出了大量誉满人间的优秀诗篇。这些经历过风雨洗礼的人，如同野外的小草，饱经风雨蹂躏却不倒伏，而那些温室里的花朵的生命力又怎么能与他们相比呢？

常言道："自古英雄多磨难。"磨难是检验我们心志的一种最好方式。不要抱怨生活中遇到的困难与挫折，而应把这当成磨炼自己的机会。无论什么人，做任何事情，都会碰到这样或那样的困难，都需要具有坚强的意志和毅力，而在努力的过程中，我们只有知难而进、迎难而上，才能在各自的领域上取得成功。

请看滑冰世界冠军叶乔波是怎样以她的顽强精神，向人们展示了一名成功女性的风采吧！10岁开始踏上滑冰场的小乔波是个追求完美的孩子，严酷的训练让年幼的她疲于奔命，但为了心中的梦想，她一路坚持下来。18岁那年，她的颈椎受伤，经北京、沈阳几家大医院诊断后得到了相同的结论：再继续练将有瘫痪的危险。继续与放弃的艰难选择摆在乔波面前，生性好强不服输的乔波毅然选择了前者。

看似娇柔的乔波以顽强的意志力忍受着令人望而生畏的"牵引术"，将颈椎病治愈了，她忍受超越极限的苦练使自己重新飞旋在溜冰场上。

1988年，已进驻冬奥会选手村三天的乔波突然被国际滑联取消参赛资格，并被罚停赛15个月，理由是她所吃的中药里含有禁药成分。

这一次的打击无疑是沉重的，23岁的她还能有多长的运动生涯？面对这并非自己造成的过错，乔波欲哭无泪，但她却并未屈服！四年后的冬季奥运会上，乔波以一连串令人震惊的成绩，让世人刮目相看。

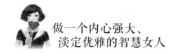
　　这时叶乔波已28岁了，去留的抉择又困扰着她：是急流勇退？还是继续努力争取1994年的冬季奥运会金牌？斟酌再三，叶乔波再次以超人的毅力留下来，为自己设定了更高的目标，超越荣誉的决心使她战胜了病痛，超越自我的信心使她不再患得患失，她要完成的是一项神圣的事业，胜利固然重要，失败同样值得鼓励。只要不断奋斗，就能发挥自身的价值，叶乔波用不断地奋斗来充实自己的人生经历。由于各种诱惑容易使人偏离既定目标，她必须以超乎寻常的意志来抵御诱惑。叶乔波将自己的乐趣建立在追逐目标的奋斗中，建立在实现目标的那一刻。

　　成功者总会经历无数的磨难，命运再次和这位顽强的女性开了一个玩笑，冬季奥运会前夕，叶乔波突然患盲肠炎，必须动手术。努力四年的叶乔波不禁泪流满面，心想难道自己四年的艰苦奋斗又将付诸流水吗？倔强的乔波恳求医生用中医疗法，意志力坚强的乔波三天后便奇迹般地回到了训练场。

　　叶乔波再一次战胜了命运的捉弄，凭着自己一流的技术和意志，获得了成功。

　　没有经历过风霜雨雪的花朵，无论如何也结不出丰硕的果实。或许我们习惯于羡慕成功女人的悠然和幸福、听别人对她们的赞誉和掌声。正所谓"台上十分钟，台下十年功"，在她们光荣的背后一定有汗水与泪水共同浇铸的艰辛。很多事情当我们回过头来再去看的时候，就会发现，历经折磨以后，生命的花朵反而更娇艳动人。

第四章　独立自主，
活出女人独有的精彩

独立自主，让生命更绚丽

据说上帝造人时，是取男人亚当的一根肋骨造的女人夏娃，于是男人和女人开始互相寻找。找对了，严丝合缝，浑然一体，幸福美满；找错了，互相别扭，由爱生恨，永不太平。一个女人的价值也许可以交给男人来评断，却从不需依靠男人来体现。拥有独立和自信才能让女人焕发出独特的气质，拥有属于自己的一片天空。

独立既包括物质上的独立，也包括精神上的独立。这种独立不是那种"女强人"的不可一世的特立独行，而是拥有自己的生活空间、内心感受和表达方式。

独立，现代女性生存的法宝，也是女人立身于社会的坚强后盾。如果没有了独立的意识，也就丧失了自由的权利。女人要想拥有自由的权利，就要学会独立。

安安是某著名高校生物系的硕士生。在临近硕士毕业时，她结束了长达五年的爱情长跑，接受了男朋友的求婚。到该找工作的时候，她也和其他同学一样开始做简历、挤招聘会。虽然她的专业不好，但她以为凭着硕士文凭和在报社、电视台实习的经历，一定能找到一份如意的工作。谁知道一跳进人才市场的海洋里，她才发现情况和她想象的大不一样。

周围有不少朋友劝安安："何必辛苦呢？你老公留学归来，又是工科博士，那么多用人单位抢着要他，月薪开价都是一万两万的。你

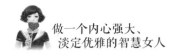
干脆不工作，在家宅着，开个网店，挣点小钱，悠然自得不好吗？"
于是安安把档案往人才市场一放，选择了不工作。

　　可最初的兴奋一过，她才发现这样的生活过得并不如意。老公每
天去上班时，她还在睡大觉。中午一个人在家随便吃点将就着，一整
天就在家里穿着睡衣到处晃悠。于是她开始觉得失落、觉得不快乐，
脾气也越来越坏，动不动就发火。

　　深夜梦醒的时候，她不断地追问自己：这真的是我想要的生活
吗？答案是：不。我想去工作，不是因为别的，而是需要。

　　于是，趁着先生到上海去发展的机会，她也开始像一个应届毕
业生一样，开始了在上海的求职之路。终于，她开始在一家报社做编
辑，尽管工资不高，但让她觉得很踏实。她说："在这个人才济济的
城市里，我看到了太多优秀的女人在怎样生活。如果你问我，现在累
吗？的确有点累，但我很满足。现在，见到我的朋友总说我比以前更
有神采了。"

　　只有独立的女人，才不失人生的快乐。独立的女人美丽着，不为取
悦他人而刻意改变，不为虚荣而迷失自我，这是女人热爱生活与维护自
尊的完美表达。独立着，才能实现自我，才能实现价值，才能让自己从
千千万万的脂粉中脱颖而出。

　　曾经一位著名的女作家说过，女人，无论何时，都应该像树一样站
立。和风丽日时，从容地享受微风的和畅，日光的温暖，为自己也为别人
撑一树绿荫；风雨来袭时，把根深深地扎入大地，勇敢地抗击生活和命运
的风雨。

　　燕子毕业于一所职业中专，学的是财会专业。工作后，她找了
个爱她的老公，过着相当安逸的日子。不过，燕子始终有一种危机

感，她觉得自己不应当一直靠男人生活。所以在得到老公的支持后，她埋头苦读了几年，终于在去年考取了注册造价师。后来，当同事们都在为经济危机惴惴不安时，她跳槽到了一家会计事务所基建部，待遇提高了不少，并且接了业务，还可以按造价提成，每年的收入十分可观。

一个本来连图纸都不会看的非专业人士，却在多年的隐忍之后，突然发力，成就了自己的梦想，这让同事们十分钦佩。很多人问燕子成功的秘诀是什么，她说，原来一直生活在老公的庇护之下，后来才发现如果不自立，会影响心态甚至生活，所以就咬牙拼搏。等到自己独立走出来，才知道什么是天外有天。她十分满意现在的选择，并还想再跃一个台阶。

只有做个独立的女人，才能活得更绚丽。独立，可以让女人更坚强、更有勇气地去面对生活中所遭遇的艰难困苦，可以让女人在挫折面前不低头，坦然地去面对。独立会让你相信自己可以去克服所有的困难，并不断地完善自己，努力使自己趋于完美。虽然人无完人，这世上没有真正完美的人，但是能独立却能让你逐渐向完美靠近。独立，会让女人看到自己在男人心目中的价值，看到自己在男人面前的魅力，生活会因此而变得更加快乐。

在这个世界上，哪个女人不憧憬快乐幸福的生活？只有独立的女人，才能用快乐的花朵点缀自己的整个人生，点缀自己那个温馨的小巢，让快乐的光辉充满自己的世界。想要拥有快乐，一定要做到时刻在男人面前展现出自己独立的特性。女人，只有独立了，才能活出自己的绚丽，才能拥有一份快乐愉悦的心情。

女人拥有了独立，生命也会随之而变得更加精彩。女人有了独立的性格，无论在什么情况下都能够茁壮成长，展现出顽强的生命力；有了独立

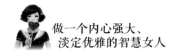
的气质，即使相貌平平，也能够凭着独到的见解为生命增辉不少；有了独立的意念，纵然身残体弱，也能以强悍的性格征服无数的男人。女人只有拥有了独立，平淡的生命才会在独立之中显得如此绚烂多彩。

别让依赖心理毁了你

女人天生就有柔弱的一面，这不仅表现在心灵的敏感、脆弱和弱不禁风的身体上，也表现在心理上。女人总想将头靠在温暖的肩膀上，让一双有力的手臂将自己搂紧，让自己在波澜不惊的港湾休息。依赖性强通常是人们对女性的评价，尽管今天男女在地位上已是完全平等，但是从生理上、心理上，女人仍或多或少对男人有着割舍不断的依赖感。然而作为现代女性，如果依赖性太强，则意味着太软弱、不自主，会影响自己的事业和生活。

一个男人曾不满地述说他与一个女人的故事：

当初完全是因为她长得漂亮，身材又好，人又肯上进，我才执意去追求她。我们打算先试婚一年，看看彼此是否能生活在一块儿，等到一年之后再做结婚生子的打算。刚开始我们共同拟订了一份计划，准备省下些钱买栋房子，再替她开一间属于自己的发型设计公司，免得辛辛苦苦赚的钱全进了老板的荷包。于是我们就朝着这个目标努力，没有多久我们终于买了一栋相当不错的房子，一切的一切似乎都充满了希望。

可是好景不长，她回绝掉所有晚间上门的客人，一心待在家里准备晚餐。然后她开始频频抱怨，说什么再也无法忍受公司老板的嘴脸。有一天，她干脆辞职不干了。接着她又不停地催我早点结婚，甚至想赶紧生个孩子做伴。虽然她成天待在家里无所事事，可是只要我稍微偷个懒没洗盘子，她就怒气冲天地骂我是"猪"！世界上所有的好处都被她一个人占尽了，她又要我像照顾婴儿一样地疼爱她，又希望我当她是个女人，处处得尊重她、帮她忙。那我算什么？

我们知道，女人由于天性柔弱，常常希望遇到一个能为自己遮风挡雨的男人，能找到一个保护自己的宽厚的肩膀。然而，小鸟依人并不等于丧失自我。过度依赖男人，结果只能适得其反。只有人格独立的女人，才会得到男人的充分尊重，才会拥有永恒的吸引力。

心理学家曾经做过一项有关婚姻与家庭的调查，结果发现虽然都市女性已逐渐自强自立，撑起了半边天，但还有不少女人难以摆脱传统的对男人和家庭的依赖意识。很多年轻女人更是把认识一个好男人、订一个好终身，作为自己谋求发展、获得高质量生活环境的捷径。一名女大学生直截了当地说，找男人等于是人生的"第二次投胎"，否则要靠自己苦苦奋斗多年才能改变生活条件太累。心理学家认为，女人把找个好丈夫当作人生头等大事，无疑是女人的人生观和人生定位在个人自我选择过程中的倒退，如此发展下去，会使女人的创造、创新、创业意识更为淡薄。

张爱玲用她的作品和她的切身体会给了我们这样一个答案——男人这个"靠山"其实是不可靠的，女人，应该独立。

《倾城之恋》是张爱玲最为倾心的作品之一，主人公白流苏是上海败落的望族之后，离婚在家多年，为了生存需要，凭自己唯一的资质美貌与古典情韵，假借恋爱之名而将目标锁定在富商范柳原身上。找个有钱的男人，以安排自己的将来，这就是这场爱情的实质内涵。

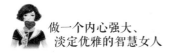
白流苏的精明、理智让她获得了婚姻的保护，而婚姻又使她陷入无爱的牢笼中。依赖婚姻，意味着依赖男人，而依赖男人的必然结局是：即使得到了生存的保障，也必将失去女人视之为生命的爱情和尊严。

而张爱玲本身，也曾切身体味过这样的孤立无援。她深爱着大汉奸胡兰成，爱得如火如荼，如生如死，全身心投入而忘了一切，而也正是因为爱得太深，她在情感上极度地依赖胡兰成，却受到了最严重的伤害。

张爱玲曾三番五次去寻找他，他却频繁与别的女人有染，还反过来指责张爱玲，靠张爱玲寄钱给他度日。终于，清醒过来的张爱玲，明白了男人不是万能的靠山，于是决绝地离开了胡兰成，离开的时候，她曾对他说："我自将萎谢了。"

张爱玲仅仅是情感上依靠他，得到的结果亦是萎谢。萎谢的不仅是青春，亦是爱情，还有一代才女的才情。

爱并不是一味地依赖，一旦爱变成这样，就不是爱了。好的女人希望男人看重的是她这个人，她要男人爱她的本质。而最好的女人会恰到好处地摆脱男人对她们的束缚，按照自己的独立能力去生活。爱是两情相悦，本来就应该建立在相互平等的基础上，无所谓谁靠谁、谁为谁、谁给谁。

投入家庭生活中的女人们千万不要被生活所拖累，千万不要随便把男人们甩过来的包袱都背上。要想活得轻松自在，就必须甩掉传统的包袱，还爱以本来面目，在两性平等的世界中创造有独立能力的生活。

有一对老夫少妻，丈夫是美籍华人，他老婆曾经做过演员，结婚后彻底与演艺圈告别，在家成了全职太太，带3个孩子。可她完全没有成为黄脸婆，即使在家也很注重言谈举止。她事情很多，早上跑步，送孩子去上学后她去学柔道，下午回家做家务，然后出门，会到咖啡馆看会书和报纸,再回家做饭,晚上还要写写东西、看看碟。这位女士忙得很,家里什么都是她做主,丈夫什么都不干涉,钱也不过问,都由太太安排。他们之间很平等,互相尊重,相互夸奖,完全看不到养家的男人趾高气扬的样子。

身为女人,你要有自己的空间,自己的生活方式,你是一个独立的个体,而不是附属品。你得为自己保留一个称心的职业,一个好身体,一份好心情,一个灵魂休息的空间。你若把全部精力投入家庭,等到孩子翅膀硬了飞走,丈夫终于被你培养成众人仰慕的人物,你就会为人老珠黄又迷失自我而忧虑了。

有句话说得好:求人不如求己。自助者,天助之。所以,女人要充分认识到过度依赖心理的危害,要纠正平时养成的习惯,不要什么事情都指望别人,遇到问题要做出属于自己的选择和判断,加强自主性和创造性,学会独立地思考问题。独立的人格要求独立的思维能力,这是一个聪明女人的所为。

保留你的梦想,努力实现它

有人说:"女人如花,千娇百媚。"但不管是气质高雅,还是清纯美丽,只要你心中有梦,你一定是一个最美丽的女人。

梦想是人生的一部分,有梦想的人生,才是完整的人生。斯蒂芬·霍金曾说:"如果一个人没有梦想,无异于死掉。因为我有梦想,所以我活着!"梦想具有神奇的能力,人一旦有了梦想,即使前方有很多艰难险

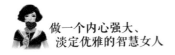
阻，也无法阻挡他前进的脚步。

有一个小女孩，居住在纽约州的一个小镇上。从很小的时候起，她就有一个梦想：长大以后要做一名出色的演员。邻居和亲友听后都笑她不切实际，认为她的理想不过是小孩的空想而已。

然而，她却为了自己的理想不断地努力，向理想不断地靠近，18岁那年，她终于考入纽约市的一所艺术学校。在学校里，她丝毫不放松，刻苦学习，她相信自己将来一定能够成为一名好演员。可是，尽管她付出了很多，她的成绩并不尽如人意，因为在这所学校里有很多天资聪颖的优秀学生。3个月过去了，有一天母亲收到学校写的一封信："我们学校曾经培养出许多一流的男女演员，我们为此而骄傲，可是，您的女儿毫无艺术天赋和才能，这样的学生我们从未接受过，她不能再在本校学习了！"

女孩不甘心就这样被踢出校门，更不甘心就这样放弃自己的理想。在后来的两年中，她为了生计，在纽约城干杂活，女招待和服务员等工作她都做过。在工作之余，她还申请参加剧院的彩排，而且彩排没有一分钱的报酬。即使这样，在公演前一个晚上，演出老板总对她说："你缺乏艺术细胞，也没有什么表演才能，你走吧！"这句话无疑是扎在她心头的一根刺。

两年之后，她得了肺炎，病魔几乎搞垮了她的身体。因为付不起昂贵的药费，她只能住进一家医疗条件很差的慈善医院。在入院的第三个星期，医生告诉她，这辈子她可能再也不能行走了，肺炎使她腿上的肌肉萎缩了。在这种境况下，她不得不重返曾经从小生活到大的那个小镇。在母亲的鼓励之下，她坚信自己总有一天会重新走路。

母女俩在一位本地医生的帮助下开始进行恢复腿部力量的计划。最初，在她的腿上加重20磅，双腿绑上夹板，她试着用拐杖支撑行走。她经常摔倒，她的手臂也因为摔跤而变得惨不忍睹。面对母亲含泪的双眼，她总是强忍着剧痛，一次一次微笑着站起来。就这样，接下来的每一天，她都在不间断地练习。终于在两年之后，她能够行走了。虽然走路时仍然有点跛，但是她可以通过身体进行调节，别人几乎看不出来。23岁那年，她重新回到纽约继续追寻着自己的梦想。在以后17年的时间里，她一直碌碌无为，但是她并没有因此而放弃，直到40岁的时候，她才在一部影片中得到一个配角的角色。然而正是因为她的坚持不懈，上帝终于眷顾了她，她朴实的表演打动了亿万观众的心。在此之后，她终于迎来了成功，成为美国乃至世界演艺界著名的人物，她就是露茜。

梦想是藏在心灵深处的最大的渴望，是成就事业的原动力，梦想能激发一个人的巨大潜能。梦想是人的一种生活状态，它可以让人展现出无限的激情，这种激情又可以让人创造出无法想象的奇迹。所以，人要有梦想。无论你的梦想有多遥远，只要你认识到它对你的重要性，每天为之而努力，你就会离它越来越近。即便有些梦想不能实现，但它会像一盏明灯，指引着你的人生方向。

看看女作家海伦是如何实现自己梦想的吧：

海伦在年少时就有一个梦想，她想成为一位作家。但是，她并没有充足的时间去进行创作。生活的重担让她每天为温饱而忙碌，根本没有心情去写作。可是，她并没有忘记自己的梦想。50岁的那天，她退休了，终于有空闲的时间了。

为了实现自己儿时的梦想，海伦开始创作，并写下了自己的第一部悬疑小说。她满心欢喜地把稿件寄给了三家出版社，可是，她收到的却是三份退件。不过，她并没有灰心，将书稿又寄给了33家代理

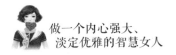
商，但没有一家愿意代理出版她的作品。

代理商认为海伦的作品很有创意，但对一部可以出版的稿件来说，仅有创意远远不够。也就是说，他们认为海伦的小说除了创意之外一无所有。海伦并不认为这是一个打击，她认为这是自己提高写作水平的机会。因为有了这些批评，她就知道了自己的弱项在哪里，强项是什么。

为了写出更好的稿件，海伦报名参加了一个研习班，主要学习犯罪调查理论和辩论的技巧。此外，她还搜集和犯罪有关的文章，并和犯罪学专家聊天，为自己的写作积累素材。时间一长，海伦的写作技巧有了很大的提高，而且积累的素材也越来越丰富。于是，她重新构思，又开始了创作。

在一个作家会议上，海伦带去了自己已经完成了的一部作品。这次，她把每家代理商的情况考察了一遍，然后选择了实力最强大的一家，把稿件交给他们看。果然不出所料，出版商看完小说，马上就问她："你想要多少稿费？"

海伦计算了一下，认为如果自己有12万美元就可以在两年内安心写作，还可以进一步研修，于是给代理商说出了这个数字。代理商立即就同意了，就这样，海伦出版了自己的第一部小说《盐的世界》，当时，她已是52岁高龄了。

只有付出努力，才能把梦想变为现实，这就是海伦带给我们的启示。

俞敏洪说："一个人要实现自己的梦想，最重要的是要具备以下两个条件：勇气和行动。"的确，我们不仅要有敢于做梦的勇气，同时也一定要让自己的梦想扎根在现实的土地上。这好比放风筝：要想让它飞得高，就一定要把那根长线牢牢地攥在手中。说得更形象一点，梦想就像是一辆车，而对自我和社会现实的认识就像是车轮，如果我们不让车轮着地，那么这辆车就永远也到达不了终点。

有梦想的人总会创造出伟大的奇迹。梦想在不断地改变着世界，但有些人随着年龄的成长却又逐渐地失去了曾有的梦想。或许你会说现实太残酷，或许你会说梦想太遥远，或许你会说自己能力不够……有太多的或许，但这些都不是你放弃梦想的理由。

记住，没有梦想的人生是可悲的。梦想如同一张风帆，给人生的小舟加入前进的动力；梦想如同一盏明灯，给人生指明前进的方向。我们要用梦想去构筑生活，然后再从一个梦想中站起来进到人生的另一个梦想，在不断地对梦想的追逐中实现自己的人生。

生活中，每一个女人都应该有一个梦想。如果没有，请尽快寻找你的梦想吧。如果有梦想，那快朝着你梦想的方向行进吧。

经济独立的女人才能真正独立

金钱，不管是对男人还是女人来说，都是必不可少的东西。任何一个人，只有在财务上做到独立，才能称其真正地做到了独立。

有句话说得好：靠山山要倒，靠人人会跑。只有靠自己，那才是最真实、最实在的。特别是对于女人来说，经济基础决定上层建筑，一个女人如果经济上依附于男人，那么她在精神上就很难实现独立。

碧倩在念大学时，是学校的传奇人物，她不仅长得漂亮，而且多才多艺，无论是歌唱、舞蹈还是美术、运动，她都有着超凡的天赋。

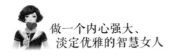
所有人都觉得她的前途一片光明。可是，几年后，同学们却意外地听到了关于她的负面消息。原来，她把人生的希望都放在寻找多金男友上，指望因此过上天天可以用鱼翅漱口，自己奶油桂花手一指，统统都可以包起来，由老公结账的生活，所以她坚持"不进修主妇课程，不做家事，不煮饭"。

碧倩对白马王子的要求很高，但幸运之神却一直没有眷顾她。一般的男性在认识她不久后，总是以没缘分为由打了退堂鼓。她寻寻觅觅直到而立之年，才交到一位在证券交易所任要职的男友。神仙眷侣般的生活过了不到半年，男友便开始质疑她为何整天在家不工作，也不做家事，两人开始时有争执。

碧倩因为把全部的希望都寄托在男友身上，因此一点钱都没有存下来，同时，因为两人的感情基础并不稳固，男友又开始和年轻的女性交往。眼角处已有细小皱纹、脸上肌肤的弹性也大不如前的她，还不愿意接受这样的现实，依旧希望能寻找到她的"救世主"，令人十分惋惜。

一个女人，要想摆脱依附男人的地位，实现真正的人格独立，就必须首先能够在经济上实现独立。如果一个女人没有独立的经济基础，就很难实现人格的独立。一个女人，只有经济上独立了，才会在生活中获得心理上的安宁，才有资格谈人生、讲人格、讲尊严，才有真正的精神上的独立。

遗憾的是，由于社会风气的不良影响，很多女人都有这样的想法：干得好不如嫁得好，为了逃避就业压力，干脆早点嫁人算了。这种想法大错特错，男人会赚钱当然很好，但决不能过分依赖男人，甚至把他们当作赚钱的机器。那些嘴里总爱说"男人赚钱女人花，天经地义"的女人，好像找老公就只是为了找一个印钞机，对老公严格要求，而自己却放弃了追求、放弃了理想，只依靠高消费来满足自己的一颗虚荣心。

在现实生活中，也有许多的女性，她们有的或许没有迷人的外表，有的或许没有青春的年华，但是她们却拥有自己独立的人格，拥有自己的事业和朋友，她们不用因为花钱而看丈夫的脸色，因为她们有自己独立的经济来源。

记得舒婷在《致橡树》中写道，如果男人是一棵橡树，女人绝不是一棵附在男人身上的凌霄花，而是一棵和男人一样去迎接光、甘露、风霜雨雪的木棉。随着时代的发展，女人越来越趋向独立和自强。她们走进职场，走进办公室，成为白领丽人，甚至金领一族，她们的人生充实而精彩。更有甚者，她们用女性独有的视角，寻找适合自己发展的空间，开创了属于自己的天地。

> 李巍是四川新希望集团董事长刘永好的妻子。刘永好曾担任中国民生银行副董事长、中国饲料工业协会副会长等职务，事业有成，身家丰厚。刘氏兄弟曾多次摘得福布斯中国内地富豪桂冠。李巍帮助丈夫度过了最艰难的创业时期，她是丈夫事业成功的关键人物。但在刘永好事业蒸蒸日上的时候，李巍没有靠着丈夫的钱生活，而是自己出来干事业，她觉得这样的人生才更有意义。

经济独立是女人的骄傲，是对"女人天生是弱者"的公开宣战，一个能在经济上和人格上独立的女人在男人眼中是极具魅力的。所以女人一定要自立，应该有自己的理想、事业和追求，掌握着自己的"经济大权"。

在经济上独立的女人有一种优越感，她们能够挺直腰板与丈夫争论权力与地位，而不是乞求他们的怜悯与同情，这也是不少女人在经济上依赖男人、导致她们内心苦恼的重要原因。

经济上的独立感使得女人有尊严。而男人呢？则会更在乎有尊严的

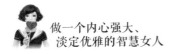
女人。

无数事实表明，男人与女人之间的和睦相处是以经济上的相对独立为基础的。如果在一个家庭里，女人没有任何经济来源，那么，这个家庭势必会有一些不和谐的因素存在。

现代女人一定要有自己的经济来源，不要总想着依赖别人，这样只会让自己丢掉尊严。要有自己的朋友和社交，有自己的工作，做个独立的个体，而不是一个只会依赖男人的青藤。

情感独立，让自己少受点伤

在感情中，女人永远都是容易受伤害的那一个。这其中最大的原因就是因为女人把爱当成了生命中最重要的一部分，甚至是全部。很多女人，除了爱情以外，一无所有。爱情一旦崩塌，她就什么都没有了。为了能留住这所有也是唯一，她就一再妥协一再忍让，在渴望避免被伤害中一再被伤害。

德国的《女性世界》杂志公布了一项调查结果。结果显示，85%的女性表示，她们只会在带有感情的情况下与男性建立关系。一旦关系稳定，几乎百分之百的女性表示自己会全身心地投入这段感情中去，她们几乎完全陶醉在自己创造的美好意境中，一旦男人离去，就像美梦破灭一样，难以接受。

席月和常磊从大学就开始相恋，毕业后，席月在一家外资公司里面从事客服工作，常磊则在一家IT公司里设计软件。他们两人在毕业第二年就结束了五年的爱情长跑，牵手步入了婚姻的殿堂。颇有能力的常磊后来白手起家自立门户，每天忙得昏天暗地，便无暇照顾家里。在他的坚持下，席月放弃了前途大好的工作，成了全职太太，全心照顾常磊的日常起居。

席月牺牲自己的事业前途来换取老公的事业辉煌，但就在他们结婚五年纪念日前几天，常磊提出了离婚，席月泪流满面，因为她此时才发现自己所有的奉献都是一文不值的，甚至还是丈夫离开自己的原因。因为她为了做一个称职的家庭主妇，没有时间来好好打扮自己，没有时间提高自己，也逐渐没有了和丈夫的共同话题。席月在那一刻对人生绝望了。因为，长期以来，席月把丈夫当作生活的全部，当丈夫提出离婚时，席月感到整个世界都为之坍塌了。

女人总是多情、善感和脆弱的，一旦遇见爱情，从此就死心塌地，想的就只有和男人一生一世；而男人向来坚强而粗糙，世界给男人的诱惑也远远多于女人，情感上受伤的也多是女人。

女人总是容易爱得没有自我，越是在乎就会越没有原则，最后慢慢纵容男人的一切坏习惯，可是男人却不会因此而感恩戴德，女人的付出成了一种习惯，甚至会使男人觉得厌烦。所以，不要以为爱是对等的，不要以为你付出了一切就可以得到他同样的回报，这是不可能的。

对女人来说，情感独立最为重要。女人的精神世界是无比神秘和无比丰富的。女人精神独立是对自己的确认，女人可以在自己的精神世界里建立起一个美好的王国。

韩雪是一家私营企业的会计，来自江南水乡的她有着水乡女子的特有风情，不仅漂亮，而且很温柔。

可是她自从28岁和丈夫结婚后，她的生活便不再平静。新婚过后

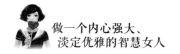

的丈夫再不如恋爱的时候一样百般呵护，而是将自己的大男子主义表现得淋漓尽致。韩雪每天下班后，不仅要给丈夫做饭，还要洗衣服、打扫家里的卫生。她和丈夫谈了几次，但是偏执的丈夫认为自己是男人，这些家务活就该让女人来做。韩雪虽然很不开心，但是她想着家和万事兴，也就包揽了家里全部的家务活，她想用自己的辛苦换得丈夫的理解和支持。可是，她错了，丈夫并没有为此而感动，而是变本加厉，常常夜不归宿，而理由就是工作需要。到后来，丈夫开始在外面有了别的女人，开始十天半月地不回家，韩雪经常以泪洗面，但是不管她怎么说，丈夫都冷冷地对她说如果她受不了就离婚。韩雪思前想后，便决定去找丈夫在外面的女人，可还没走到丈夫和女人居住的地方，就被迎面而来的丈夫打了两耳光。

后来，韩雪再也受不了了。原本，她以为自己的忍让会使丈夫回心转意，最终回到她的身边。可是，事实上，韩雪除了一次次的绝望和伤心外，等待她的，只有寂寞与孤独。最后，她决定和丈夫离婚。

从此后，韩雪过起了自己的单身生活。虽然，离了婚的韩雪经常会感到失落，过去的一幕一幕还会让她黯然神伤，但是她却很轻松，再也不用每天面对着不爱自己的男人而忍气吞声，再也不用为了等待一个男人的归家而流泪到天亮。现在，她的世界里充满快乐。

半年后，韩雪成功考取了注册会计师，事业开始进入上升期，而这时，前夫来找她了。他说，他和那个女人已经分手了，他还是觉得妻子对自己是最好的。她请他在餐厅吃了顿饭后，拒绝了前夫的要求。

许多人认为离婚女性的生活状态一定是疲于奔命、疏于打理的，就算是闲时，也必是独抱浓愁无好梦。但实际上有很多女性，把离婚当作事业开始的契机，用自己的双手和智慧撑起整个天空，她们和普通女性一样拥有幸福和温暖，拥有丰富的感情生活，拥有一个独立的自我世界。

　　女人要想独立，首先就应该在情感和精神上独立，然而，很多女人在恋爱之前，都会信誓旦旦地说"不会做爱情的俘虏""要有自己的空间"，可是，一旦遇见爱情，随着感情的深入便会逐渐失去自我，她们的情绪会随着恋人的情绪而变化，一旦感情出现了变故，就找不到前进的方向、生活的勇气。还有很多女人对自己没有信心，她们不相信自己可以给自己一份不错的生活。她们在情感上、经济上都有着很大的依赖性。她们将男人视为可依可攀的树，视为生活的全部，一旦身边没有男人，便会无精打采。当一方过分依赖另一方，当女人把丈夫当成自己的全部时，爱的天平就会发生倾斜，这种倾斜会影响感情的正常发展，同时对女人造成很深的伤害。

　　如果想做一个内心强大的女人，就应该有完整独立的人格。独立是一种很高的境界，它需要良好的心态和全新的价值观。独立的女人，能做到勇敢面对和冷静放手就是情感独立的表现了。女人失去爱，痛苦失落是必然的，委屈伤心也是难免的，但再痛也不能放弃对自己的把握，更不能让自己一味地沉浸在负面消极的情绪中。

将选择的主动权握在手中

　　现代女性的独立性决定了女人不能没有主见，没有主见就无法独立。我们要独立自主，而自主主要指的就是自我主见的能力。

　　主见是一种积极的人生态度、独立自信的人格、宽容豁达的胸怀、坚韧不拔的品质、追求事业的执着；对家人的关爱；对自己充满信心。

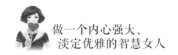

在现在这个高速发展、色彩缤纷的世界，要自己拿主意的时候太多了，比如买衣服、买包包、买化妆品、选老公，等等，不要等着别人帮你挑选，自己喜欢的最重要，所以说女人要有自己的主见。

世间最可怜的，就是遇事举棋不定、犹豫不决、遇事彷徨、不知所措、没有主见、不能抉择的人。这种主意不定、没有主见的人，是很难具备独立性的。

有些女人甚至不敢决定任何事情，她们不能决定结果究竟是好是坏、是吉是凶。她们害怕，今天这样决定，或许明天就会发现因为这个决定的错误而后悔莫及。对于自己完全没有自信，尤其在比较重要的事件面前，她们更加不敢决断。有些人本领很强，人格很好，但是因为有些毛病，她们终究没有独立，只能作为别人的附属。

陈旭是个很优秀的女孩，又漂亮又能干，但就是有时候做事太没主意了，一个小小的决定都要征求父母的意见。

大学毕业后，她想应聘一家外企，投了简历后没多久，对方就通知她来公司面试。那天，一起参加面试的还有四个男生，虽然主考官对陈旭的印象很好，但还是决定录用其中的一个男生。不过主考官有意让陈旭到公司的另外一个岗位任职，于是，他单独对陈旭说了自己的想法。

这时陈旭一下又慌了，对主考官说："我想回家问问我父母的意见，能不能晚点再给您答复。"主考官愣了一下，微笑着对她说："好吧。但是，记住以后再参加面试时，不要再对别人说'问父母的意见'，这样会让人觉得你没有主见。"

结果可想而知，陈旭失去了这次机会，没能进入这家公司。

站在河的此岸犹豫不决的人，永远不会到达彼岸。敢于决断的人，即使有错误也不害怕，她们在事业上的行进总要比那些不敢冒险的人敏捷得多。

美国国务卿希拉里曾说过："要获得真正属于自己的幸福，女人必须要有主见，要有独立的思想和人格，知道自己最爱的是什么，最想做的是什么。为自己的梦想活，为自己的快乐活，幸福便会常伴左右。"时代赋予了女人更多的财富，比如知识、能力，女人不再是"无才便是德"，她们在自己的工作和事业上也可以独当一面，甚至创造出自己的一片天空。她们逐渐有了自己的追求，不再把男人当作自己的全部。无论是说话做事，她们都会有自己的想法和意见，走自己的路，让别人去说。事实上，这样有主见的女人才是迷人的，也更加有吸引力。

李月是一个遇事没有主见的人。无论是生活还是工作，她从不自己决定任何事，一定要听别人的意见后才开始行动。每次出门和男朋友约会，她总要反复打扮，然后询问闺蜜："我这样好看吗？得体吗？"搞得大家都有点烦她。工作上她也是如此，有一次，她代表总公司从北京到上海出差，遇到需要协调各方问题，不断给北京总公司的同事打电话，发邮件，希望人家能够给她提供建议。结果，这次由于她没有及时做出决定，延误了工作，使合作方对她很不信任。李月为此也很烦恼，她知道大家都认为她是一个没主见的人，但她就是戒不掉这个坏毛病。

温柔贤惠的妻子是每个男人都想要的，但是一味地顺从有时候只能换来丈夫的咄咄相逼。女人可以温柔但不能软弱，要有自己的主见。

当然，女人有主见并不意味着固执己见，更不是孤芳自赏。有主见的女人也要善于听取他人的意见，善于把自己的想法说给他人听，取得对方的认同和支持。真正有主见的女人，并不会固执和任性，更不是只相信自

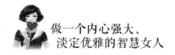
己。有主见的女人更需要灵活地来处理各种事情，在相信自己的同时也需要考虑他人的意见，不一意孤行。因为，有主见的小女人比固执的大女人更容易获得成功与幸福。

独立有主见的女人，她的身上有一种持久深刻的魅力。有主见的女人，知道给自己一个空间，有追求，自信并永远努力进取，周身散发着超然幽雅的气质，有水般的温柔，面对激烈紧张的场面，可以以柔克刚，将剑拔弩张的争斗消弭于无形。有主见的女人能善待别人，宽容别人，从而赢得真挚的友情和关爱。有主见的女人，不盲目地听信别人的言论，碰到挫折勇于面对。有主见的女人，敢于逆水行舟，不惧怕别人的嘲讽，坚持个人的主见，毅然决然地走自己的路！

现代女人要有主见，才不会迷失自己。如果任何事情都要他人做选择，没有自己的观点，只会让他离你更远。女人要有头脑，有思想，有自己的人生规划，不要把你的权利交付给别人。

第五章　心平气和，
淡定的人生不失控

远离浮躁，静看潮涨潮落

在竞争激烈的社会中生存，每个人都很容易被种种烦恼所困扰，一旦无法排解，心情便会浮躁起来。有时候，你越是浮躁，便越会在错误的思路中陷得更深，就越难取得成果。心态浮躁犹如作茧自缚，最后让浮躁毁了自己。

一位老者有个刚参加工作的女儿，每到晚上就独霸电视，斜躺在沙发上，手握着遥控器按个不停，而且边按边对着电视嘟囔："真没劲，一点意思都没有。"无疑，这种神经质般的转换频道，透露出的是浮躁的情绪。

一位大学老师也有同感。她深有感触地说："现在不少学生已经很难平静地听完老师和家长的话，难以看完一本名著或欣赏完一首名曲。他们抵御不住午饭的诱惑而坚持不了听完最后一堂课；他们对基础理论课的学习不感兴趣。这些学生忘记了从量变到质变的道理，宁愿相信立竿见影。他们甚至渴望科学家们能发明'知识注射液'，在数秒钟内使自己成为天才，这都源于浮躁情绪的驱动。"

浮躁似乎成了现代人的一种通病，对女人生活的影响越来越大。一个女人如果有浮躁情绪，就会终日处在又忙又烦的应急状态中，脾气会变得暴躁，神经会越绷越紧，长久下来，会被生活的急流所裹挟。这种情绪如果在女人的内心里积存下来，久而久之，就会逐渐成为某些女人固有的性格，使她们在任何时候、任何环境中，都不能平静下来。因而不自觉地，

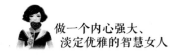
在盲目和冲动的情况下，做出错误的决定，给自己造成更大的精神压力，让自己越来越急躁，终究形成恶性循环，一发不可收拾。

有一个刚刚毕业的大学生，因没有考上研究生不知道何去何从，又因担心即将去一个人才济济的大公司任职的男朋友移情别恋而终日郁郁寡欢，当别的同学都主动去联系工作单位时，她却天天混在宿舍里，还经常和同学争吵，任何事情都不能耐心地去做，心情浮躁不安。

后来，在男朋友的劝说下，她去看了心理医生。心理医生了解了她的情况后对他说："你曾看过章鱼吧？章鱼在大海中，本来可以自由自在地游动、寻找食物、欣赏海底世界的景致、享受生命的丰富情趣，但它却找到了个珊瑚礁，伸出八只强大的手臂，牢牢地攀住珊瑚礁，然后动弹不得、焦躁不安，让自己陷入绝境。其实，系住章鱼的是它自己的手臂！"心理医生用故事的方式引导她思考，并提醒她，"我想，此时的你很像那只章鱼。如果你想从浮躁的不良情绪中走出来，就一定要松开你的'八只手'，用它们自由游动，这样你才能积极地去争取人生的成功与幸福。"

有一位社会学家这样说道："浮躁的心态是要不得的，它急功近利，一旦所需要的东西不能实现，便会让人焦躁、烦恼。"所以，不要因外界的纷纷扰扰而自乱阵脚，乱了自己生活的步子，更不要心生烦躁、忧虑、焦灼，要保持你心情的宁静。

从前，有一个年轻人想学武术。于是，他就找到一位当时武术界最有名的老者拜师学艺。老者把一套拳法传授于他，并叮嘱他要刻苦练习。一天，年轻人问老者："我照这样学习，需要多久才能够成功呢？"老者说："10个月。"年轻人又问："我晚上不去睡觉来练习，需要多久才能够成功？"老者答："10年。"年轻人吃了一惊，继续问道："如果我白天黑夜都用来练拳，吃饭走路也想着练拳，又需要多久才能成功？"老者微微笑道："那你今生无缘了。"

年轻人愕然……

年轻人练拳急于求成，反而延缓了成功的速度，这就是急躁的负面影响。事情往往就是这样，你越着急，你就越不会成功。因为着急会使你失去清醒的头脑，结果在你奋斗的过程中，浮躁占据着你的思维，使你不能正确地制订方针、策略以稳步前进。所以，我们只有正确地认识自己，才不会盲目地让自己奔向一个超出自己能力范围的目标，而是踏踏实实地去做自己能够做的事情。

其实，我们处在这个千变万化的世界中，人人都有过浮躁的心态，这也许只是一个念头而已。一念之后，人们还是该做什么就做什么，不会迷失了方向。然而，当浮躁使人失去对自我的准确定位，使人随波逐流、盲目行动时，就会对家人、朋友甚至社会带来一定的危害。这种心浮气躁、焦躁不安的情绪状态，往往是各种心理疾病的根源，是成功、幸福和快乐的绊脚石，是人生的大敌。无论是做企业还是做人都不可浮躁，如果一个企业浮躁，往往会导致无节制地扩展或盲目发展，最终会失败；如果一个人浮躁，容易变得焦虑不安或急功近利，最终迷失自我。

对于渴望成功的女人，应该记住：你着急可以，切不可以浮躁。成功之路，艰辛漫长而又曲折，只有稳步前进才能坚持到终点，赢得成功；如果一开始就浮躁，那么，你最多只能走到一半的路程，然后就会累倒在地。

因此，一个女人只有控制了浮躁，才会吃得起成功路上的苦，才会有足够的毅力一步一个脚印地向前迈步，最后走向成功。只有自己控制好了自己的浮躁情绪，才不会因为各种各样的诱惑而迷失方向。

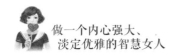
学会在平淡中享受幸福

现实中，女人若想生活幸福，就必须学会快乐生活的艺术——一种在平淡生活中发现精彩的艺术，一种从生活中获取快乐，并由此达到人生境界的艺术，而学会这门艺术的前提就是要拥有一颗平常心。

平淡的生活只是开门七件事：柴、米、油、盐、酱、醋、茶。平淡的生活是每天做不完的生活琐事；平淡的生活是一杯茶、一声问候；平淡的生活是规律、是习惯、是每天习以为常的作息。

男孩是学理科的，女孩当初喜欢他是因为他的稳重，依靠在他的肩上，有暖暖的踏实。但现在，三年的爱恋，两年的婚姻，使她有些疲倦了，她已经不想再像以前一样在他膝前承欢撒娇了，疲倦的根源，在于女孩是个感性的小女孩，敏感细腻，渴望浪漫，如孩提时代渴望美丽的糖果。而他却天性不善于制造浪漫，木讷到让她感受不到爱的气息。

女孩终于鼓起勇气对男孩说："我们离婚吧。"

男孩问："为什么？"

女孩说："倦了，就不需要理由了。"

整整一个晚上，男孩只抽烟不说话。女孩的心越来越凉："连挽留都不会表达的情人，能给我什么样的快乐？"

过了许久，男孩终于忍不住说："怎么做你才能留下来？"

女孩慢慢地说："回答我一个问题，如果你的答案能回答到我心里，我就留下来。如果我非常喜欢悬崖上的一朵花，而你去摘的结果是百分之百的死亡，你会不会摘给我？"

男孩想了想说："明天早晨告诉你答案好吗？"女孩的心顿时灰了下来。

早晨醒来，男孩已经不在，只有一张写满字的纸压在温热的牛奶杯下。第一行，就让女孩的心凉透了：

亲爱的，我不会去摘。但请允许我陈述不去摘的理由。你只会用电脑打字，却总把程序弄得一塌糊涂，然后对着键盘哭，我要留着手指给你整理程序；你出门总是忘带钥匙，我要留着双脚跑回来给你开门；每月"老朋友"光临时，你总是全身冰凉，还肚子痛，我要留着掌心温暖你的小腹；酷爱旅游的你，在自己的城市都常常迷路，我要留着眼睛给你带路；你总是盯着电脑，眼睛给糟蹋得已不是太好了，我要好好活着，等你老了给你修剪指甲，帮你拔掉让你懊恼的白发，拉着你的手，在海边享受美好的阳光和柔软的沙滩，告诉你花儿的颜色，像你青春的脸……

所以，在我不能确定有人比我更爱你之前，我不想去摘那朵花……

女孩的泪滴在纸上，形成晶莹的花朵。抹净眼泪，女孩继续往下看：亲爱的，如果你已经看完了，答案还让你满意的话，请你开门吧。我正站在门外，手里提着你最喜欢吃的鲜奶面包。

女孩拉开门，看见他紧张得像个孩子，只会把拎着的面包在她眼前晃……是的，是的，女孩确定——没人比他更爱我，所以我不想要那朵花。

故事里的女孩是幸运的，她有一位懂得平淡才是真的爱人。事实上，只有平淡的幸福才是最珍贵的幸福。其实，很多时候女人就生活在幸福和快乐中而不自知，那么请你想想：

下班回家，先回家的老公已经做好了饭菜等你回来；起床了，匆匆地

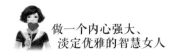
梳洗完毕，桌子上有人为你精心准备了早餐；下班时，忽然下起了雨，有同事热情地送你回家；和同学一起去旅游，爸妈把所有要带的用品都收拾好，嘱咐这嘱咐那；休息的日子，把家里收拾得干净利索，你拿着一本喜欢的书，坐在阳台上慢慢地读，屋外的阳光暖暖地洒在身上，室内有音乐响起。

这些事情可能是平淡的，那么，你是否用平常心体验过这种幸福呢？

生活不是电影，没有那么多轰轰烈烈的片段。平淡才是最正当的人生，既不奢侈，也不亏空，既不过热，也不过冷，是恰得分寸的人生理韵。在平凡里默默走过人生的旅程，会得到成功，得到幸福，得到并非平凡的壮丽感觉。

生活中，既有阳光普照，也有雨打风吹。女人的一生，总要经历和面对这样那样的得失、升降、荣辱、贫富等境遇，面对这些，女人始终要有一颗平常心，要能想得开、看得透，静对得失、笑对荣辱。用通俗的话来说，就是赚钱不要掉进钱眼儿里，做官也不要成为官迷。有了这种平常心，才不会迷失方向，不会沉沦堕落；在失意的时候，才不会郁闷、悲愤、绝望；在得意的时候，才不会轻浮、膨胀、癫狂。这无疑是人生的大智慧。

平平淡淡才是真，绝非主张人要平凡或平庸，它不能成为一些人懈怠懒惰、不思进取的借口。它所告诉我们的哲理是，人的能力大小各有不同，机会、条件也有差别，对人生的追求自然也不同，关键是要从自己的实际出发，不要好高骛远，盲目追逐，应充分享用自然赐予的阳光快乐的生活。

烦恼处处有，看开自然无忧虑

烦恼就像摇摆的秋千，你一旦坐上去，它就会一直摇个不停，好像总也停不下来，但如果你跳下来，自然也就不会再摇了。

我们的生活本已不易，如果再给自己增添许多不必要的烦恼，那岂不是自己跟自己较劲？

袁倩在所有人眼里都可以称得上是一个成功的女人。她不到40岁，就拥有了一家业绩骄人的公司。她常化着淡妆，穿着简单而高雅的服饰出入各种场合。大家都非常愿意和她相处，做生意时也会觉得和她合作很愉快。

因此，她的生意越做越好。经常有同龄的女客户好奇地问她："保持青春的秘诀是什么？"袁倩总是这样回答："我不知道。大概是因为我没有烦恼吧！年轻的时候，我常常为鸡毛蒜皮的小事烦恼。连男友说你是不是又吃胖了，我都会烦恼得睡不着觉，甚至会以为他不爱我了。后来，我爸爸因车祸去世了，我忽然发现自己看开了世间的烦恼，从此变成了一个快乐的人。"袁倩接着说，"其实我爸爸也挺不容易的，他20多岁开始创业，40岁时就已经是一个大老板了。他车祸去世前几天，正为公司少了一笔10万元的账而烦恼。他一向不爱看账本，那天，他忽然心血来潮把会计的账本拿出来瞧。管会计的人是他的合伙人，因为这一笔账去路不明，爸爸开始怀疑两个人多年来的合作是否都有被吃账的问题。我爸爸因为这笔钱睡不着觉，睡不着就开始喝酒，有一天晚上应酬后开车回家，就发生了车祸。爸爸走了

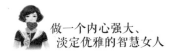
之后，我妈妈处理他的后事时发现，他的合伙人只不过把这个公司的10万元挪到一个子公司用，不久又挪回来了。没想到我爸爸为了这笔钱，烦了那么久，最终……从我爸爸身上，我得到了这一教训，不要制造烦恼，不要自找麻烦，应以最单纯的态度去应付事情本来的样子。"

从袁倩身上我们可以感悟到：人如果总因为不可能发生的事、不足挂齿的小事、事不关己的事而烦恼的话，日积月累下来便会成为心病，甚至危及自己的生命。

我们经常会听到有些女人说："真发愁，愁死我了。""我该怎么办？"她们每天都被无尽的忧愁包围着，总是把很多事情想得很糟。她们因为一点点小事，就整天惴惴不安，影响着自己一整天甚至一整年的心情和感受，看什么都是灰色的。

或者有人会说："不是我不想往好处想，但是现实往往是坏事比好事多。"的确，人生是一个充满曲折的过程，不可能到处都是好事。很多时候，我们无法让事情按照自己的意愿去发展，可是我们能够调节自己的心态，让自己尽量往好的一面去想。只要我们愿意，我们就可以得到快乐。

美国有个年轻的女孩叫辛迪，她长得很漂亮，有爱她的父母，有一个爱她的男朋友，有一份不错的工作……但是辛迪却精神崩溃了，原因就是她总是在不停地发愁和忧虑："我很发愁，真的，我每天为无穷无尽的事情担忧。我担心新买的那件裙子的款式是不是有点过时了，我担心那双新靴子是不是冒牌货。我为自己的身材忧虑，因为我觉得我在发胖；我为自己的容貌忧虑，因为我发现我的美貌一天天在老去；我发现自己在掉头发，我担心有一天会不会掉光；我担心我有一天不再漂亮，人们会讨厌我；我担心我的男朋友有一天不再爱我，会离开我；我担心我的父亲会心脏病发作，他总是吃很多甜食；

我担心我的工作有一天会出差错，会被别人超过，我担心我得不到老板的提拔和重用……我的内心越来越紧张，我就像一个没有压力阀的锅炉，压力达到了让人无法承受的地步。我控制不住自己的思想，充满了恐惧，只要有一点点声音，都会把我吓得跳起来。我躲开每一个人，常常无缘无故地哭。我每天都痛苦不堪，我觉得自己被所有人抛弃了，甚至上帝也抛弃了我，我真想跳到河里自杀。"

在这种种的担忧下，辛迪的精神状况越来越差，最后到了不堪重负的程度。她已经无法正常工作，正常生活，她的头脑被无尽的忧虑占满了。于是，她辞去了工作，但是精神还没有好转。辛迪于是决定一个人到另外一个城市去旅行，希望换个环境能够对自己有所帮助。辛迪所有的亲人都为她担心。她上了火车之后，父亲交给她一封信，并且告诉她，让她到达目的地再看。

辛迪到了那座城市后，一切都没有好转。她忧虑的事情反而更多了，她开始担心能不能住到像样的旅馆，有没有好的房间，她担心路上可能会遇到劫匪，她甚至担心自己会被某个人暗杀……她遇到了各种各样的糟糕事，让她更加忧虑了。她想起了父亲的那封信，于是，她打开信，读了起来："辛迪，你现在离家1500里，你并没有觉得有什么不一样，对不对？你仍然把自己置身于各种忧虑之中无法自拔。我知道你会觉得没有什么不同，因为根源是你自己。无论你的身体还是你的精神，以及外界的一切，你住的房间，你看到的人，其实都没有什么问题，最重要的是你的心态和你的想法有问题，你把一切看得太悲观了，你总是在想最坏的事情发生了怎么办。其实很多事情是不会发生的，而你却在这些无谓的忧虑当中耗费了自己的精力和时间，失去了自己的健康和快乐。一个人心里想的是什么样子，他就会成为什么样子。凡事往好处想，停止忧虑，停止想象吧，一切都会好起来的。"

看了父亲的信，辛迪觉得父亲说的话很有道理。使她自己痛苦

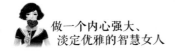
的，不是外界发生的事情，而是自己，她把任何事情都想得太悲观了。于是，辛迪开始改变自己，凡事尝试从好的方面想。她想自己的衣服或许很过时，但是穿在自己身上很合适，有另外一种味道；靴子或许是冒牌货，但是做得和真的一样，几乎没有人能看出来；自己或许真的有一点发胖，但是丰满也不是件坏事；容貌是一天天在变老，可是跟很多人相比，仍然很漂亮；男朋友或许会和我分手，但是我会有机会找到更好的男朋友；父亲的心脏病可能会发作，但是他现在很快乐……这样想的时候，辛迪发现自己的忧虑都消失了。慢慢地，她整个人变得开朗起来。她越来越快乐，最后恢复了健康，重新找到了一份工作，快乐地生活着。

在如今的社会中又有多少女人类似故事中的辛迪，她们因为每天都有做不完的事，每天都要为了未来处心积虑。费尽心思，她们受到一些现在和过去的影响，以至于对不可知的未来产生了极度的恐慌。她们整日忧心忡忡，患得患失，以至于让自己活在对未来事情的恐慌中不能自拔。这是多么可悲的一群人呀，何必为一些没有发生的事情烦恼、忧虑呢？这不是自找烦恼吗？

怀着忧愁度过每一天，设想自己可能遇到的麻烦，只会徒增烦恼。实际上，等烦恼来了，再去解决也不迟。正所谓："车到山前必有路，船到桥头自然直。"况且，明天的烦恼，你又怎能在今天解决掉？更重要的是：想象出来的烦恼，比真正出现的，也不知要大出多少倍。

女人们，请尽快忘掉那些无谓的烦恼和忧虑吧，努力过好现在，保持一份乐观的心态，即使有任何困难出现，你也应带着一种坦然的心情去面对、去解决，这比什么都重要！

女人糊涂一点儿才命好

古人云："水至清则无鱼，人至察则无徒。"对生活中无原则性的事，我们不必认真计较。从心理学角度看，对无原则性、不中听的话或看不惯的事，装作没听见、没看见或随听、随看、随忘，这种糊涂处世的做法，不仅是处世的一种态度，亦是夫妻和睦的秘诀。

李洁和丈夫经营着两个网吧，她的丈夫好交朋友讲义气，且能说会道，经营有方，生意做得不错。丈夫最大的缺点是嗜酒如命，且每饮必醉，每醉必骂。李洁也是绝佳的精明生意人，见人先带三分笑，无论是八旬老者还是三岁小儿，无不在她的笑容里感受着春天的气息。但她的不足之处是，她见谁都笑，唯独见到喝过酒的老公则张口就骂，伸手必打。

有一天，李洁出去办点事，说好了丈夫在家做晚饭。可是等她7点多回到家一看，还是冷锅冷灶，也不见丈夫的影子，打手机去问，说是从外地来了一个朋友，约他吃个饭。李洁气不打一处来，狠狠挂了电话。

等到9点多，丈夫喝得醉醺醺地回来了。"你个挨枪子的！你再去喝呀！干脆喝死算了！"饿着肚子的李洁看见丈夫进门就骂上了。

丈夫一听也火了，推了她一把。这一推仿佛是将一把火扔进了汽油桶里，李洁愤怒至极。她扑向丈夫，与丈夫扭打在一起……结果是李洁的腿扭伤了，她丈夫的脸也被抓得鲜血淋漓。

后来，两人就闹起了离婚，在朋友的劝解下，好不容易才化解了

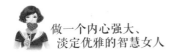
这场战争，可是硝烟仍然弥漫在二人的周围。李洁在一次偶然的机会请教了一位婚姻问题专家，专家对她说："如果你还想挽救你们的婚姻，只有一个办法，那就是用一颗宽容的心去对待他，睁一只眼，闭一只眼。睁一只眼就是要多挖掘对方的优点，闭一只眼就是尽量忽略掉对方的缺点，做个糊涂的明白人。"

俗话说：梳头不好一朝过，嫁夫不好一世错。婚前你尽可以睁大双眼横挑鼻子竖挑眼，但是两人同住一个屋檐下，就不要太过较真儿了。镜子拉得太近了，许多瑕疵会出其不意地刺痛你的眼睛，那你就得闭上一只，甚至有时连双眼都不妨眯起来看对方。

再说，我们汉字的"婚"字，拆开来看，就是一个"女"字和一个"昏"字，这很让人玩味。假若女人不昏了头、不昏得稀里糊涂，说不定这世上就没有爱情和婚姻。

有个人刚刚恋爱时，曾对女朋友发誓说："这世界上只要别的女人拥有的，我也一定让你拥有，别的女人不能够得到的，我也一定让你得到！"于是，她就高高兴兴地嫁给了他。结婚几十年了，不说别的女人没有得到的他没有让她得到过，就连别的女人拥有的他也没能让她全部拥有。他问她："难道你那时不知道这只是无法兑现的诺言吗？"她笑着说："我干吗要弄得这么清，爱情有时也难得糊涂呀！"

有一段话是这样说的："当一个聪明的男人遇到一个同样聪明的女人，很可能会出现一场战争；当一个糊涂的男人遇到一个聪明的女人，则有可能引发一段绯闻；当一个聪明的男人遇到一个糊涂的女人，也许会共同打造一个天长地久的婚姻。"由此可见，"糊涂"的女人有一种独特的魅力。一个聪明的女人往往不易得到幸福，就是因为她把一切看得太通透，一切在她眼里都不是那么简单。其实，聪明并不只体现在智力上，更多的是体现在心态上，自以为聪明的女人并不聪明，真正聪明的女人知道，该糊涂的时候就要装糊涂，该聪明的时候就表现自己的精明能干，所以，幸福对她们而言触手可得。

李女士是个温雅贤淑的妻子，她爱她的丈夫和孩子，为他们忙碌，为他们操劳，这让她觉得是莫大的幸福。

也许男人都有一颗期盼艳遇的心吧，结婚6年，孩子4岁了，他们的感情也不冷不热。但是近来，李女士总感到丈夫的表现有些异常，比如，以前从来不注重外表的他，现在每天上班前，都要精心地将自己收拾一番。本来一周打同一条领带的习惯，变成了每天打不同的领带。而且他的衣服上也总是散发着一丝淡淡的异香。每晚回家的时间，也一天一天地向后推移着，而回答总是一句：应酬太多。

看着这些变化，李女士已经察觉到自己最不想发生的事情发生了，她沉默着，不想追问，不想调查，只是静静地读着丈夫那张晚归却总是兴致勃勃、洒满阳光的脸。

一天下午下班的时候，丈夫打来电话说，晚上要陪上司去接待几个客户，会回来得晚一点，让她不要等他吃晚饭了。然而，晚上9点，电话响起，线那端是他的上司，有事要找他，说他的手机打不通。

听到这些，李女士心头一沉，略略迟疑后，她缓缓地回道："他现在不在家，手机可能是没电了，等他回家我让他回复您吧。"

放下电话，李女士愣在了原地，她一遍遍地拨着丈夫熟悉的手机号，听着里面传出的"对不起，您呼叫的用户忙，请稍后再拨"，她心如刀割。深夜，丈夫悄然回来。灯下，李女士给他倒了一杯茶之后，装作什么都不知道的样子静静地对他说："你的上司晚上来电话找你，说你的手机打不通，我想是没有电了，他让你回来给他回

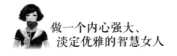
电话。"

话毕，李女士起身准备去睡了，留下丈夫独自坐在沙发上发呆。

一会儿，丈夫走入卧室突然发起了脾气，走来走去地述说着他的辛劳，听着丈夫的怨言，李女士内心酸楚却不想再多言语。

第二天，丈夫回家很早，支支吾吾地向李女士道歉说自己昨晚不该发火。李女士微笑着说："我从来就没有怪罪你，谁没有错的时候呢？旧事我们就不要再提了。"丈夫听后更显得局促不安了。

日子依旧在一天天地过着，李女士像什么都没有发生过一样，一如既往地为丈夫、为孩子忙碌着，丈夫每天下班就回家了，再也没有什么应酬。

有一天，她收到了一封邮件，是丈夫写给他的，洋洋洒洒数千言，述说着他的错，他的悔，他的反省与自悟，他请求李女士的宽恕。

李女士读了信，禁不住泪流满面……

漫长的生命旅途中，两个人相遇不容易，能够成为同眠共枕的夫妻更是不易。有的时候，也许只能用宽容和谅解才能使自己释怀吧。通过这个事例，我们不难发现，李女士依靠自己外表的糊涂，用"随风潜入夜"的方式，在不知不觉中给了自己男人一个"润物细无声"的深刻教诲，同时，她不但用糊涂保全了自己和丈夫的面子，更用清醒挽回了婚姻的幸福。其结果和那些看似清醒实则糊涂透顶的女人相比，实在是大相径庭。

女人为人处事少不得难得糊涂，夫妻间居家过日子，糊涂更难得。这种充满无穷爱意的糊涂，需要用真诚去灌溉，用理解去培育，用谦让去营造，用大度去奠基，以小家的长治久安为最高目标。

在婚恋领域里，在夫妻相处中，只要不是方向问题、原则问题或伤筋动骨的本质问题，糊涂地面对相互间的小矛盾与小摩擦不仅难能可贵，而且还是不可或缺的一门婚姻艺术。这对于密切夫妻情感、提升婚姻质量、打造家庭和谐尤为重要。所以，做一个"糊涂"女人也很幸福。如若不然，你只能做生活的痛苦者、爱情和婚姻的失败者。

拔掉嫉妒的毒刺，用淡定去抚慰心灵

这个世界上让我们觉得可怕的东西很多，但最可怕的东西就是女人的嫉妒心。你也许会问，嫉妒之心也并非是女人的专利，任何一个凡夫俗子都难免有嫉妒别人的时候，为什么单说女人的嫉妒心如此可怕呢？

这是因为，女人天生善妒，看到别人比自己强或在某些地方超过了自己，心里就萌生醋意。而嫉妒心太强的女人不能容忍别人超过自己，害怕别人得到她所无法得到的名誉、地位，或其他一切她认为很好的东西。在她们看来，自己办不到的事最好别人也办不成，自己得不到的东西别人也休想得到。

有这样一则故事。

一个女人走到上帝那里，上帝对她说："从现在起，我可以满足你的任何愿望，但前提是你的邻居会得到双份的回报。"女人高兴不已，但又一想："我要是得到一箱珠宝，她就会得两箱，我要是得到漂亮的脸蛋和身材，那个嫁不出去的女人就会比我漂亮两倍。"思来想去，她觉得还是吃亏，不能让邻居占这么大的便宜。最后，这个女人一狠心，终于做出了决定："上帝，你挖掉我一只眼睛吧！"

这就是女人的嫉妒，以害己害人而告终。

心理学家认为，女人的嫉妒是有层次的。一是潜意识嫉妒，如果把

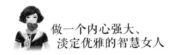
嫉妒比成金字塔的话，这是塔基，人多势众，处在这一层次的女人在大街上遇到漂亮女人，心生嫉妒，但决不表现出来；二是显意识嫉妒，这是塔身，人少了许多，同样是遇到漂亮女人，处在这一层次的女人就会"呸"人家一口，或者说一些嫉妒的恶语；三是变态心理，这是塔尖，人数更少，如果遇到漂亮女人，处在这一层次的女人就会从后边扔去一块小石头，甚至会用小刀割伤别人的脸，或者拿硫酸直接泼上去。

从表面上看，嫉妒是对别人的不满，可是细细剖析一下，不难看出，它多半是因为自己的需求得不到满足而发泄出来的一种不良情绪，是一种由于自卑而引起的心理失衡的反映。嫉妒别人漂亮，就是自己的漂亮未得到别人的承认；嫉妒别人成绩好，就是自己的成绩不如别人。看到自己与别人的差距，又不太愿意承认这种差距，于是嫉妒心理就滋生出来了。

嫉妒是一种束缚手脚、阻碍事业发展与创新、影响生活和工作的情绪。其特征是害怕别人超过自己，嫉恨他人优于自己，将别人的优越处看作对自己的威胁。于是，便借助贬低、诽谤他人等手段，来摆脱心中的恐惧和嫉恨，以求心理安慰。同时也会使人变得消沉，或是充满仇恨。如果一个女人心中变得消沉或是充满仇恨，那么她距离幸福也就越来越远。

张茜和吴芳两人在初中时就认识，吴芳比张茜小一岁，吴芳性格活泼开朗，而张茜则比较内向，或许也正是因为这种性格的差异及互补性，才使她们认识没多久就成了无话不说的好朋友。

一眨眼几年过去了，张茜和吴芳两人都马上面临着实习。张茜在刚满20岁那年恋爱了，她的男朋友李玮对她很好，吴芳自然而然地也结识了李玮，或许这就是个错误。开学不久之后，张茜就在广州找了一家公司实习。日子过得很平淡，但也很安逸，尽管有些时候，她和李玮也会因一些小事而吵吵闹闹，不过彼此都还是爱着对方的。一年后，张茜大病了一场，因而就没再回到以前的公司上班，而是留在了自己的老家，听从父母的安排，在家附近找了一份工作，虽然张茜的家离广州并不远，但由于工作忙的缘故，她往往跟李玮一个月才能见一次面。刚开始，李玮还会经常给张茜打电话，可时间一长，电话少了，消息也少了。

直到有一天，吴芳跑来对张茜说道："李玮根本就不爱你，他要跟我在一起。"对于张茜来说，这无疑是一个巨大的打击，但吴芳并没有因此而收敛，而是变本加厉地刺激张茜。

终于有一天，张茜无法忍受吴芳的所作所为，便找到她，问道："你为什么要这样对我？"吴芳则冷冷地说道："因为我不想输给你，只要你有的，我也要有，如果我得不到，你也别想要得到。"

听到这样一番话，张茜惊呆了，没想到自己朝夕相处的好朋友竟然会这样说。其实，一直以来，张茜都很自卑，因为吴芳活泼可爱，也很漂亮，张茜觉得自己与吴芳相比，她始终都是一只变不了天鹅的丑小鸭，所以她也不想跟吴芳比什么，只想找一个真正疼她、爱她的男朋友，却不料是这样的结果。

从此以后，张茜和吴芳便形同陌路。

嫉妒是万恶的根源，是美德的窃贼。越是嫉妒别人，就越容易消磨自己的斗志和锐气，越会陷入无止境的叹息，使自己的人生之舟搁浅在嫉贤妒能的荒滩上。

嫉妒之心人人都有，它就像一束火苗会时不时地从心底蹿出来。如果不懂得如何去压制和平息，而任其燃烧的话，它就有可能变成一把火，原本想把别人给点燃了，却反倒灼伤了自己。

那么染上嫉妒的女人应该如何克服这一不良心理呢？

1. 客观评价自己

当嫉妒心理萌发时，或是有一定表现时，能够积极主动地调整自己的意识和行动，从而控制自己的动机和感情。这就需要冷静地分析自己的想法和行为，同时客观地评价一下自己，从而找出一定的差距和问题。当认

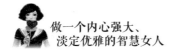
清了自己后，再重新认识别人，自然也就能够有所觉悟了。

2．合理宣泄

宣泄，是治疗嫉妒心理的特效药。嫉妒心理也是一种痛苦的心理，当还没有发展到严重程度时，用各种感情的宣泄来舒缓一下是相当必要的，可以说是一种顺坡下驴的好方式。

3．心胸宽广

每个人都有自己的长处，不能因为自己有所短而害怕别人超过自己，你的成绩也不应该成为别人进步的障碍。对别人任何方面的成绩或进步要抱欢迎的态度，这种良好的心态，是一个健康人格的反映。

4．充实自己的生活

培根说："嫉妒是一种四处游荡的欲望，能享有它的只能是闲人。"如果我们工作学习的节奏很紧张，生活过得很充实，就不会让精力被妒火烧毁。嫉妒别人，决不会提高自己对生活的满意度，更不会增强自己对学习的信心。让我们牢牢记住"铁生锈则坏，人生妒则败"的真理，把嫉妒从生活的词典里驱赶出去。

放下猜疑，用信任化解危机

猜疑，是一种不良心态，女人一旦陷进猜疑的误区，必定处处神经过敏、捕风捉影，既损害正常的人际关系，更影响自己的幸福生活和身心健康。

喜欢猜疑的女人每时每刻都在特别留意别人对自己的态度，对别人的每一句话都要琢磨半天，努力寻找其中的潜台词，如此一来便无法做到轻松自然地与人交往，久而久之封闭起来，人际关系自然会越来越差。与此同时，因为时时刻刻心怀疑惑、猜来猜去，结果是身心俱惫，最终郁郁寡欢，在这种痛苦烦恼的心理状态下，也就不可能拥有幸福生活和健康的身体。

　　冯敏的丈夫是一家外贸公司的副总，不仅人长得帅且工作能力也强，平时工作应酬多。从与丈夫结婚的那天起，冯敏就养成了一个习惯，查看丈夫的手机，去邮局查丈夫的通话记录，看他每天都与什么人打电话，还经常看丈夫的电子邮箱。

　　只要丈夫回到家里，她都会趁丈夫上厕所、洗澡、睡觉的时候，想尽办法拿到丈夫的手机。每天都要看完丈夫的短信，她才能安心睡觉。如果哪天丈夫的手机没有短信，她就会东想西想地睡不着，猜想着今天怎么没有发短信呢？是不是丈夫有什么事瞒着不想让自己知道，故意把短信删掉了？发展到最后，用她的话来说："我连丈夫的梦话都想听，想听听他在梦里说些什么，是不是会无意中说出一些我不知道的事情。"冯敏的想法很简单，就想知道丈夫每天在干什么，和什么样的人在一起。但她的这种做法却让丈夫非常反感和痛苦，两人为此吵过架，也认真谈过，丈夫请她信任自己，但她就是控制不住自己。后来，丈夫对她的行为忍无可忍，提出了离婚。

　　毫无根据的猜疑是婚姻的大敌，它使人自寻烦恼，甚至导致双方感情的破裂。猜疑一般总是以某一假想目标为出发点进行封闭性思考，它带着强烈的主观色彩。因此，婚姻生活中的女人，要懂得克制自己的猜疑心。

　　猜疑是婚姻中的一根刺，它能将两颗相互爱恋的心刺得千疮百孔，它将两个彼此靠近的人拉开了距离，久而久之，婚姻的悲剧便会产生。相反，女人只有信任丈夫，才能保持彼此间的感情历久弥新，达到相敬如宾、沟通无极限的至高境界。

　　有个叫杨秀惠的女人，她的故事或许能给我们更多的启示。

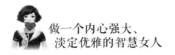
丈夫有女友已好些年了，我知道这事也好些年了。那时，丈夫与其女友是电大同窗，在一个城市，而我在另一个城市。后来丈夫来到了我的城市，他的女友则去了另一个城市。城市不城市的倒没什么，辗转来辗转去，丈夫还是丈夫，女友还是女友。

有一次，我与丈夫散步到了他上班的办公楼前，我突然对他的办公桌抽屉有了兴趣——焉知那里藏了一个男人的什么秘密？我想到说道："你的女朋友最近来信了吗？"丈夫一警惕："前一阵子来了一封，忘了带回家。""能看看吗？""怎么不能？"丈夫做出迫不及待的表情。我笑了："她向我问好了吗？""问了。""既如此，不看也罢。"我把手一挥，很洒脱、很大方地转身而去。奇怪的是，后来我把这事作为笑话讲给周围的女士们听时，竟没有一个人相信它的真实性。

丈夫与他的女友不仅通信，还相互留有电话号码，那么他们肯定还要通电话。除此之外，逢年过节，两个人之间，还时有精美的或不那么精美的贺卡传递。关于这一切，丈夫似乎并无瞒我之意，所以，我也从不把它放在心上。说真的，我要操心的事很多，哪有时间和精力瞎捉摸他们的事。

自从丈夫与我做了同一个城市的市民后，偶尔，我就从丈夫的口里听到了他的女友的一些消息：去了一趟香港啦，在深圳拍了照片寄来啦，女儿唱歌比赛获奖啦……当然这些都不重要，重要的是，这位女友是个离异了的单身女人。这个背景提示给我这样两个信息：第一，丈夫与她交往，没有什么麻烦，至少不会有男人打上门来与他决斗——那样影响多不好呀；第二，丈夫若对她有意，至少在她那方面是没有客观障碍的。知道了这一点，我虽稍有不悦，但转而一想，难道我和丈夫之间的关系，还要取决于别的女人的婚姻状况吗？那岂不是太可笑了？于是由它去。

后来，大概是觉得光通过传媒交流感情还有不足吧，丈夫和他的女友，还借出差的机会，在这个城市或那个城市见过面。丈夫去见他的女友我自然不在场。奇怪的是，他的女友到我们城市来过两次，我也总是在他们见过面吃过饭谈过话以后才得知，我说你怎么不请她来家里玩呀，丈夫说她忙着走呢，汽车都等在招待所大门外了。我说真遗憾，那就下次吧，丈夫说那就下次吧——其实我压根儿也不遗憾。

关于丈夫和他的女友的故事看来还要继续下去。有很长一段时间没听丈夫说起过他的女友了。不过一般来说我不过问，他也不会主动提起他的女友的。当然这话也不全对，比如，好几次他和女友见面的事都是他自己回来说的，不然我哪儿会知道呢？

不过也不是每次都这样。有一次丈夫到北京出差，本可以晚一两天走的，他却执意要提前动身。我说要不要我送你，他说免了。当时我就猜他已与女友联系好了，所以不能更改。丈夫走了以后，我到婆婆家度周末，一大家子正坐着吃饭，说起他来，我说他去会女朋友去了，大家笑得喷饭，以为我很幽默。我说是真的，他的女朋友叫赵×，在哪里工作，离婚好几年啦。丈夫的兄弟媳妇说，那你可要当心哇。我说真要有什么，就随他去好啦。后来丈夫从北京回来，晚上躺在床上，我问他，是不是与女友会过面？他说你怎么知道的，我说这还猜不到呀。这样，我才知道，女友果真到车站接了他，两人还在什么咖啡厅里度过了好几个小时——至于谈了些什么，我没问，也不想问。

据我的观察，这么多年来，丈夫与他的女友，也就是个女友而已。即使两人之间真有点儿什么微妙的东西，也是可以理解、容忍的。因为，人人都会有只属于自己的东西。丈夫虽然做了我的丈夫，他依然有权利为自己的心灵保留点什么，我不情愿、不承认也无济于事。有的男人或女人就是在这点上想不通，给自己的生活增添了许多烦恼——我可不愿那么傻。

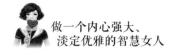
　　杨秀惠是个成熟的女性，她善于理解、信任丈夫。也正因为这点，他们夫妻间的感情反而更加牢固。丈夫的女友仅仅是女友而已，她永远不能取代杨秀惠作为妻子在他心目中的位置。设想一下，如果杨秀惠阻止丈夫和女友之间的交往，甚至对丈夫疑神疑鬼，监视丈夫的行踪，就完全有可能造成把丈夫推向他的女友的结果。

　　了解是信任的基础，信任是感情的纽带。很多误会开始时都是很微小的，但是如果误会不能很快消除，就会发展为猜疑。特别是当女人冷静、理智地思考后疑惑依然存在，此时就应该及时通过适当的方式，与对方坦诚地沟通，交换一下意见。如果是误会，可以及时消除；如果是观点角度不同，可以换位思考，至少可以通过沟通了解对方的真实想法；如果通过沟通证明猜疑并非无端，那么良好的沟通也可以使事端化解在冲突之前。只有和对方加强交流、相互了解、相互信任，在情感上产生共鸣，才会有效地消除猜疑。

第六章　浅笑安然，
活出一份淡然的心境

岁月若静好，难得一颗平常心

"宠辱不惊，看庭前花开花落；去留无意，望天上云卷云舒"，这是一种禅的境界，也是平常心的体现。

有一个关于禅宗的故事：

有个信徒问智能禅师："您是有名的禅师，可有什么与众不同的地方？"

智能禅师答道："有。"

信徒问道："是什么呢？"

智能禅师答道："我感觉饿的时候就吃饭，感觉疲倦的时候就睡觉。"

"这算什么与众不同的地方，每个人都是这样的，有什么区别呢？"智能禅师答道："当然是不一样的！"

"为什么不一样呢？"信徒问道。

智能禅师说道："他们吃饭的时候总是想着别的事情，不专心吃饭；他们睡觉时也总是做梦，睡不安稳。而我吃饭就是吃饭，什么也不想；我睡觉的时候从来不做梦，所以睡得安稳。这就是我与众不同的地方。"

智能禅师继续说道："世人很难做到一心一用，他们在利害中穿梭，囿于浮华的宠辱，产生了'种种思量'和'千般妄想'。他们在生命的表层停留不前，这是他们生命中最大的障碍，他们因此而迷失了自己，丧失了'平常心'。要知道，只要将心灵融入世界，用心去

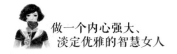
感受生命，就能找到生命的真谛。"

看来，平常心应该是一种常态，是具备一定修养才能经常持有的，它属于一种维系终身的处世哲学。在错综复杂的社会现象面前，在奔波于家庭琐事之中，如果我们能够时常自我调节、让头脑清醒，保持一颗平常心，就会从容地对待生活，面对生活，既能保持一颗乐观向上、追求美好生活的心情，也能有一个舒心愉悦的生活环境，能够做到喜不忘形、忧不消沉，始终平和、坦荡、从容应对。

尤利乌斯是一个画家，他画快乐的世界，因为他自己就是一个很快乐的人。不过没人买他的画，因此想起来会有些伤感，但只是一会儿。

后来，尤利乌斯花2马克买了一张彩票，竟幸运地中了50万马克。

尤利乌斯买了一幢别墅并对它进行了一番装饰。身为艺术家，他很有品位，买了很多东西，他家里多出来很多昂贵的东西：阿富汗地毯，维也纳柜橱，佛罗伦萨小桌，迈森瓷器，还有古老的威尼斯吊灯。

尤利乌斯满足地坐下来，他点燃一支香烟，静静享受他的幸福，突然他感到很孤单，便想去看看朋友。他像原来一样，习惯性地把烟蒂往地上一扔，转身就出去了。

烟头引燃了华丽的阿富汗地毯、维也纳柜橱……几个小时后，别墅变成火的海洋，被完全烧毁了。

朋友们知道这个消息后，来安慰尤利乌斯。

"尤利乌斯，太不幸了，我们很同情你。"他们说。

"为什么不幸啊？"他问。

"几十万的别墅失火了啊，你现在什么都没有了。"

"什么呀？"尤里乌斯答道，"不过是损失了2马克。"

天有不测风云，人有旦夕祸福，生活有太多变数。人在得意时要保持平常心，不忘形，记得自己是谁，失意时也要保持平常心，不过分沮丧，从容地看待灾祸。如果我们能像尤里乌斯那样淡然面对得失，人生会轻松很多。

其实，人无论处在哪种环境之中，都应该以一颗平常心去处世，有所得时，不会过分贪求；有所失时，不会过分烦恼；有了荣耀，不会过分骄傲；有了成功，不会得意忘形；失败时，不会颓废……如果我们时时处处用一颗平常心认真对待，不急不躁，冷静看待面前的一切，就会感受到生活的快乐，品味到生活纯美的甘露。

霍尔金娜是我们熟知的俄罗斯体操女选手，她的风采至今仍留在很多人的脑海里。

霍尔金娜1985年开始体操训练，她身材高挑，气质优雅，艺术表现力尤其出众，个性也很突出。她多次参加世锦赛，共夺得10金9银3铜共22枚奖牌，其中包括1995年至2003年的高低杠五连冠和三次全能冠军。

但是在2004年雅典奥运会上，霍尔金娜却遭遇了体操岁月中的劫难，这位十多年以来一直保持着在大型比赛中高低杠项目不败纪录的霍尔金娜，在比赛的时候，却从她从来没有失手过的高低杠上意外摔了下来。在那一刹那，霍尔金娜眼神里闪过某种特别的神色，但她立刻又恢复了坦然，重新站起来，完成了所有的动作，然后从容退场。这一次，她最终仅以8.925分的成绩排名垫底，失去了完成奥运三连冠梦想的机会。

在品味了无数次胜利与欢笑之后，霍尔金娜收获了失败，但她只是淡然一笑，离开了心爱的赛场，告别了辉煌的体操生涯，脸上却

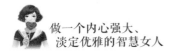
始终挂着微笑，永远是那样成熟而优雅。她说"我并不觉得自己是第二，我认为自己是第一。我只想说，我尽力了。"

人生有太多起起落落，这就需要我们保持一颗平常心来泰然处之，才能够感悟平常人生之无限魅力。

平常心是女人心中最绚烂的花。只要有一颗平常心，女人就能以沉着的目光对待一切，以淡定的心态看待一切，淡泊名利，泰然处之，艰苦面前不气馁，挫折眼前不灰心，诱惑眼前不摇动，虚荣面前不贪心。这样，幸福就会时刻陪在女人的身边。

很多时候，放弃也是好选择

"人生最大的智慧是懂得放弃，我们每个人都有难以割舍的东西。放弃了，也许是一种胜利。"美国19世纪著名哲学家、文学家爱默生如是说也。的确，人生面临许多选择，而选择的前提是懂得放弃，正确而果断地放弃，即是选择的成功。

从前有一个国王，他非常疼爱小公主，视如掌上明珠，从不舍得训斥半句，凡是公主想要的东西，无论多么稀罕，国王都会想尽一切办法弄来。在国王的骄纵下公主渐渐地长大了，她开始懂得打扮自己了。一个春雨初晴的午后，公主带着婢女徜徉于宫中花园，经过雨水的润泽，树枝的花瓣上挂着几滴雨珠，越发的迷人。公主正在欣赏雨后的景致，忽然目光被荷花池中的奇观吸引住了。原来池水经过蒸发，正冒出一颗颗状如琉璃珍珠的水泡，浑圆晶莹，闪耀夺目。公主完全被这美丽的景致迷住了，突发异想："如果把这些水泡串成花环，戴在头发上，一定美丽极了！"

打定主意后，她便叫婢女把水泡捞上来，但是婢女的手一触及水泡，水泡便破灭无影。折腾了半天，公主在池边等得愤愤不悦，婢女在池里捞得心急如焚。公主终于气愤难忍，一怒之下，便跑回宫中，把国王拉到池畔，对着一池闪闪发光的水泡说：

"父王！你一向是最疼爱我的，我要什么东西，你都依着我。女儿想要把池里的水泡串成花环，作为装饰，你说好不好？"

"傻孩子！水泡虽然好看，终究是虚幻不实的东西，怎么可能做成花环呢？父王另外给你找珍珠水晶，一定比水泡还要美丽！"国王无限怜爱地看着女儿。

"不要！不要！我只要水泡花环，我不要什么珍珠水晶。如果你不给我，我就不想活了。"公主骄纵撒野地哭闹着。束手无策的国王只好把朝中的大臣们集合于花园中，忧心忡忡地商议道："各位大臣，你们号称是本国的能工巧匠，你们之中如果有人能够以奇异的技艺，以池中的水泡，为公主编织美丽的花环，我便重重奖赏。"

"报告陛下！水泡刹那生来，触摸即破，怎么能够拿来做花环呢？"大臣们面面相觑，不知如何是好。"哼！这么简单的事，你们都无法办到，我平日何等善待你们？如果无法满足我女儿的心愿，你们统统提头来见。"国王盛怒地呵斥道。"国王请息怒，我有办法替公主做成花环。只是老臣我老眼昏花，实在分不清楚水池中的泡沫，哪一颗比较均匀圆满，能否请公主亲自挑选，交给我来编串。"一位须发斑白的大臣神情笃定地打圆场。

公主听了，兴高采烈地拿起瓢，弯起腰身，认真地舀取自己中意的水泡。本来光彩闪烁的水泡，经公主轻轻一摸，霎时破灭，变为泡影。捞了老半天，公主一颗水泡也拿不起来，睿智的大臣于是和蔼地对一脸沮丧的公主说："水泡本来就是生灭无常、不能常驻久留的东

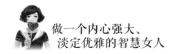
西，如果把人生的希望建立在这种虚假不实、瞬间即逝的现象上，到头来必然空无所得。"公主见状，便不再坚持这个过分的要求了。

故事中的公主似乎有些荒唐偏执，但最终还是醒悟了。而生活中的一些人却执拗得要命，明知再怎么努力也不会有所收获的事，却偏不放弃，直到耗尽精力、财力才肯罢休。殊不知，明智的放弃才是人生可取的态度。

生活在五彩缤纷、充满诱惑的世界上，每一个心智正常的女人都会有很多的理想、憧憬和追求。否则，她便会胸无大志，自甘平庸，无所建树。然而，历史和现实生活告诉我们：我们必须学会人生的一堂重要课程——懂得放弃。

放弃并不是消极地放手，而是需要睿智的思想和博大的胸怀。生活有时会逼迫你，不得不交出权力，不得不放走机遇，甚至不得不抛下爱情，你不可能什么都得到。生活中应该学会放弃，放弃会使你显得豁达豪爽，放弃会使你冷静主动，放弃会让你变得更智慧和更有力量。

对无法得到的东西，忍痛放弃，那是一种豁达，也是一种明智。必须割舍而不肯割舍，则是疑虑与执迷，对自己有害无益。能在必须割舍时，毅然地割舍，乃是坚强与洒脱。不要以为只有能"取得"的人才是大智大勇，那些能毅然"割舍"的人，其实具有更高的智慧与更大的勇气。

一个行囊，如果装得太满了，就会很沉很重。每个人生命所能够背负的重量是确定的，你不能得到所有你所要的东西，所以就必须学会有所舍弃。放弃那些纷乱的杂念和欲望，放弃那些不是太重要的东西，卸去负担轻松前行，让自己活得轻松一些、简单一些。

果断的放弃是面对人生、面对生活的一种清醒的选择，只有学会放弃那些本该放弃的东西，生命才会轻装上阵、一路高歌；只有学会放弃，走出烦恼的困扰，生活才会倍感绚丽、富有朝气。

当女人放弃那些该放弃的东西、达到既定的目标时，再回过头来重温自己当年勇于放弃的果敢，便会在蓦然回首中发现：女人的放弃，也是一种淡定。

修剪心中过多的奢求，淡定和优雅就能从内散发

生活原本没有痛苦，直到欲望之火被点燃。人因知足而富有，因贪婪而贫穷。

贪婪就躲在我们本性中的阴暗之地。每个人活在世上，总是想拥有很多，开始的时候是梦想，慢慢地就会演变成难以遏制的欲望，最后这欲望便进化为贪婪。

徐燕是一个十分贪婪的女孩，大学期间，她与同校的赵辉恋爱了。在别人看来，他们俩郎才女貌，可以说是天造地设的一对，但却没有人想到，徐燕选择赵辉，完全有着自己的目的。

赵辉的父亲是某市的组织部长，徐燕则来自某地一个偏僻的小山村，但她从来都不在人前提自己的家乡，别人问起，她总是说家在上海。

在学校，赵辉一直都是女孩子们所追逐的目标，但一遇到徐燕，赵辉就将心全部放在她身上，对她倍加呵护，徐燕也心满意足地享受着这一切。

与赵辉在一起的日子里，徐燕的交际才华也慢慢显现出来，其实这也应完全归功于赵辉。赵辉经常带徐燕参加一些酒会、舞会，因而徐燕很容易就成为整个场合的中心。可以说，徐燕总能将自己的智慧发挥到极致，举手投足之间都会带有些许魅力。对此，赵辉很满足，

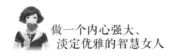
满足自己拥有一个这么出色的女子。

但是，对于徐燕来说，这一切并不能让她感到满足。因此，她的欲望慢慢膨胀起来。慢慢地，借助赵辉和他父亲的力量，徐燕有了更为广阔的天地。

突然有一天，徐燕对赵辉说："赵辉，我们分手吧，我不能耽误了你的前程。"听到这话，赵辉一下子蒙了，为了满足徐燕，他甚至动用了父亲所有的关系，每次都是父亲拉着老脸去找人办事。现在，徐燕竟然向他提出分手，他实在接受不了。此时，赵辉想到了身边朋友曾经的劝告，但面对眼前这个自己倾心爱过并极力满足的女人，他还能怎样呢？

赵辉的苦苦哀求，始终都没有让徐燕改变主意。为了尽快使自己脱身，徐燕竟然大声说道："你已经无法满足我的需求了。"看到徐燕眼中满是鄙夷的神色，赵辉再也压抑不住自己内心的冲动，便顺手拿起桌子上的水果刀，划伤了徐燕那美丽的脸。

欲望是永不止境的，正所谓：得陇望蜀，得一望二，贪得无厌。人性中的欲望与生俱来，沉湎于欲望而不能自拔者称之为贪婪。贪婪使人迷惑，使人在不自觉中丧失了理智，直到付出了沉重的代价时，惊醒为之已晚，让本来的一件好事成了遗憾的事情。

人的欲望总是在不知不觉中滋长着，自己不会有所体会，只有身旁的人才知道。当欲望增长到一定程度的时候，无形中它就变成了杀人的工具，伤害了别人也害了自己。

一单身女子外出度假，其间，看到有一栋六层的旅馆前立着一个写有"仅招待女士"的牌子，好奇的她决定进去探个究竟。刚走到门口，一名招待员就热情地向她说明情况："本旅馆有六层，每层楼入口处都悬挂着该楼层可供选择的男士品质说明书，您可以任意选择，但不可返回下一层楼。"

女子听后，就准备前往。在一楼入口处，她看到牌子上写着"这里的男人都有稳定的工作"，于是，她上了二楼。

在二楼，她看到"这里的男人既有稳定的工作，又很爱孩子"。看后，她又径直上了三楼。

在三楼，她看到"这里的男人有稳定的工作，也爱孩子，而且还英俊潇洒"。当时，她心想：挺不错的，但还是到四楼看看吧。于是又上了四楼。

在四楼，她看到"这里的男人有工作，爱孩子，英俊潇洒，同时还能帮助妻子做家务"。她想：还有这样的男人？这正是我想要的。不过，她最终还是想上五楼看一看，于是继续向上走。

在五楼，她看到的是"这里的男人有工作，爱孩子，英俊潇洒，能够帮助妻子做家务，并且还很浪漫多情"。看到这些，她很想要停在这一层，但想到还有一层，怕错失什么，因而就径直走上了六楼。

终于到了六楼，但她却一下子傻了眼，只见牌子上写着："本层并没有可供选择的男人，之所以建造本层，就是为了证明女人是十分贪婪的。"

因为贪婪，故事中的单身女子总是无法满足眼前，到最后，什么都没有得到。可以说，贪婪是一切祸乱的根源。

有贪婪心态的女人总希望得到更多，她不知满足，结果命运让她失去一切，贪心只会愚弄自己。

有的人就是一种贪婪的动物，永远没有满足的时候，所以也常常把自己逼得有气无力，好想放松一下，可一旦放松，又好像要失去一些东西，又不得不把自己往不满足的方向推，到头来人财两空。

1856年，亚历山大商场发生了一起盗窃案，共失窃8只金表，损

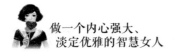
失16万美元，在当时，这是相当庞大的数目。就在案子尚未侦破前，有个纽约商人到此地批货，随身携带了4万美元现金。当她到达下榻的酒店后，先办理了贵重物品的保存手续，接着将钱存进了酒店的保险柜中，随即出门去吃早餐。在咖啡厅里，她听见邻桌的人在谈论前阵子的金表失窃案，因为是一般社会新闻，这个商人也没当一回事。中午吃饭时，她又听见邻桌的人谈及此事，他们还说有人用1万美元买了两只金表，转手后即净赚3万美元，其他人纷纷投以羡慕的眼光说："如果让我遇上，不知道该有多好！"

然而，商人听到后，却怀疑地想："哪有这么好的事？"到了晚餐时间，金表的话题居然再次在她耳边响起，等到她吃完饭，回到房间后，忽然接到一个神秘的电话："你对金表有兴趣吗？老实跟你说，我知道你是做大买卖的商人，这些金表在本地并不好脱手，如果你有兴趣，我们可以商量看看，品质方面，你可以到附近的珠宝店鉴定，如何？"商人听到后，不禁怦然心动，她想这笔生意可获取的利润比一般生意优厚许多，便答应与对方会面详谈，结果以4万美元买下了传说中被盗的8只金表中的3只。

但是第二天，她拿起金表仔细观看后，却觉得有些不对劲，于是她将金表带到熟人那里鉴定，没想到鉴定的结果是，这些金表居然都是假货，全部只值几千美元而已。直到这帮骗子落网后，商人才明白，从她一进酒店存钱，这帮骗子就盯上了她，而她听到的金表话题也是他们故意安排设计的。骗子的计划是，如果第一天商人没有上当，接下来他们还会有许多花招准备诱骗她，直到她掏出钱为止。

人的欲望是无穷的，是无法得到满足的，随之而来的烦恼也是无穷的，是无法消除的。正如一位哲人所说，贪欲会随着黄金的数量增加而增加，而痛苦则会随贪欲的增加而增加。贪婪自私的人往往目光短浅，所以他们只瞧见眼前的利益，看不见身边隐藏的危机，也看不见自己生活的方向。

贪婪的人总想拥有一切。试想，即使让你拥有了全世界又会怎么样？人总有死，所有得到的东西都是身外之物，生不带来，死不带去。再者，在你追求一切物质的过程中，你哪有时间去享受，又何谈快乐之言？人要懂得珍惜眼前的一切，将心态放平和，把物质看平淡，既然现在的一切都是暂时归属于你的，你又何必要放弃真正的快乐而去追求暂时的物质呢？所以，你不如将一切都看得平淡些，看得轻松些，知足就好。

世上无完事，看淡心自宁

现实生活中，很多女人把追求完美作为一个良好的品质，但实际上事事追求完美会令自己非常疲惫。因为完美主义是虚幻的代名词，世界上根本没有真正的完美，即使你做得再好，也永远达不到完美。

张阿姨刚刚退休在家闲着没事儿，有一天偶然看见电视上的人在织毛衣，她一时心血来潮，就买来毛线打算自己织一件毛衣，也调剂一下枯燥的生活，找个乐子。可是没想到却成了负担。

那到底是怎么回事呢？由于很久没有织过了，张阿姨有些生疏，第一次，织了一段之后发现太肥了，于是就拆掉了；第二次织了一段觉得都没有花纹，太普通，又拆了；第三次织了带花纹的，觉得还可以，于是废寝忘食地织了下去，织到一半的时候，沾沾自喜地欣赏，发现中间有几个花纹织错了，怎么看怎么别扭，拆了吧觉得很可惜，不拆吧总是觉得不舒服。最后为了追求完美就全拆了重新开始。

本来织毛衣是为了调剂生活，找点乐子，又不等着穿，可是张阿姨为了织好这件毛衣取消了一切娱乐活动，而且容不下一点瑕疵，一

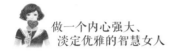
遍遍地重来，只顾细节而忘记了主要目标，不但没有感到快乐，反而增加了负担。张阿姨也从中体会到了过于追求完美反而会夺走生活中的快乐。

追求完美既是一种正常的渴望，也是一种悲哀，因为现实生活根本没有完美的东西，如果一味地追求完美，那么最终会作茧自缚。人生旅途中，永远不要背负着完美的包袱上路，否则你将永远陷入无法自拔的矛盾之中，最后也只能在苦恼中老去。有些事情要学会对自己和他人睁一只眼闭一只眼，这样才能收获快乐。

王小姐是一个完美主义者。她对自己要求颇高，凡事都要求做到最好，但因常常无法如愿，故总是自责。近来，王小姐对平常驾轻就熟的日常工作缺乏信心，睡眠也不好，感到心中惶恐，她以为自己生病了，所以来到医院检查，于是有了下面一段对话：

医生："您见过著名的维纳斯雕像吗？"

王小姐："当然见过啦。"

医生："这个雕像有一个非常显著的特征，你知道是什么吗？"

王小姐："哦，她的手臂是断的。"

医生："请您想象一下，如果我们帮她接上两只手臂，是不是会更美？"

王小姐："您真会说笑，如果那样的话，她还叫维纳斯吗？"

医生："是的，也就是说，凡事不可能完美，换言之，既然凡事不可能完美，那就说明残缺也自有一种美，那么您又为什么一定要追求工作中的完美无缺呢？这和为维纳斯接上双臂有什么区别呢？其实正是这些工作中小小缺陷的存在，才使您更加努力地工作，力争去避免失误，争取做得更好，那么您为什么不能容忍它们的存在而要感到焦虑不安呢？"

王小姐："哦……是的，我好像有些明白了。"

医生："最后，送给您一句话：'人可以不断完善自己，但永远无法完美自己。'"

生活中，很多人把追求完美当作人生的目标，但是越来越多的人却被对完美的这份追求压得喘不过气来，深受完美主义之累，把所有的心思都投入完美中，无论对生活、对工作都锱铢必较，其结果只会是把自己搞得筋疲力尽。

其实追求完美是很多女人存在的问题，她们为了完美的事业、完美的生活、完美的孩子贡献出自己全部的精力，这其实是人生的悲剧。我们要意识到，世上任何事情都没有十全十美的，人也没有完美无缺的。有句谚语说得好："世上没有不生杂草的花园。"阿拉伯人说得风趣："月亮的脸上也是有雀斑的。"说到底，"金无足赤，人无完人"。在这个世上没有绝对完美的事物，也没有一个绝对完美的女人，所谓的完美不过是一些虚幻的想象而已。因此，女人在面对自身的不足时要泰然处之，多一分满足，多一分自信，才不会被完美主义的心态所左右。

黄欣10岁时因为一场高烧而导致双目失明，从那以后，每个亲人、朋友以及周围的邻居都细心地关怀她，照顾她：当她过马路的时候，会有人来搀扶她；当她坐公共汽车的时候，总是有人为她让座。但黄欣把这一切都看成别人对她的同情和怜悯，她不愿意一直这样被同情、怜悯。她常常悲伤地问自己："我看不到小鸟，看不见颜色，我是个身体有缺陷、不完美的人，我还能干什么？"直到有一天，一件事情改变了黄欣悲观的人生态度。

那天，黄欣来到了附近的教堂里，神父亲切地对黄欣说："世上每个人都是被上帝咬过一口的苹果，都是不完美的，有缺陷的。有的人缺陷比较大，因为上帝特别喜爱他的芬芳。"

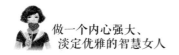
"我真的是被上帝咬过的苹果吗？"黄欣疑惑地问神父。"是的，你不是上帝的弃儿。但是上帝肯定不愿意看到他喜欢的苹果在悲观失望中度过一生。"神父轻轻地回答道。"谢谢你，神父，你让我找到了力量。"黄欣高兴地对神父说道。从此，她把失明看成上帝对自己的特殊钟爱，开始乐观地对待生活。她努力学习盲文，坚持每日"看"书、写作，几年后，她成为一名著名的作家，并经常四处演讲，成为很多人心中的偶像。

事实上，许多先天有缺陷的女人之所以能取得成功，关键就在于她们能够接受自己的不完美，包容自己的缺陷，接受和包容促使她们把缺陷转化成为奋斗的动力。世界上没有十全十美的东西，也没有十全十美的人，缺陷有时也是一种美，在实际生活中，那些有缺陷而绝对不属于十全十美的女人，反而更具有内在的魅力，也更具有吸引力。

人生没有完美可言，完美只在理想中存在。任何追求完美人生的女人都是在做一个不可能实现的美梦，当梦醒的时候便会掉进痛苦的深渊。一位哲人在日记中写道："如果再给我一次生命，我不会再追求事事的完美。只有自己确定了重点的人，才是一个能享受到生活快乐的人。因为快乐的人不是把一切都做得尽善尽美的人。"所以，只有走出这种追求完美的心境，努力与环境共存，乐观地面对人生，你才能做一个真正快乐的女人。

知足的女人才能常乐

罗马哲学家塞尼逊曾说："人最大的财富，是在于无欲。如果你不能对现有的一切感到满足，那么纵使让你拥有全世界，你也不会幸福。"事实上人就是如此，永不知足，看别人总觉得比自己好，却忽略了过多的欲望是痛苦的根源。知足才是人生中最大的快乐之源，因为人类生命的张力毕竟是有限的，假若欲望无止境，超出人的能力界限，那么失望也必将成为必然。

刘芳是某知名高校毕业的大学生，她在学校的时候，就和同校的周鹏谈恋爱，两个人的感情非常好。毕业后，他们留在了同一座城市，共同生活。他们两个人都是刚毕业的学生，薪水都不是很高，还要照顾双方的老人，存钱买房子，因此，他们的生活过得一直都很节俭。刘芳从来舍不得买一件名牌衣服，一瓶高级化妆品，甚至路过自己喜欢的冰激凌店，也舍不得买一个冰激凌。起初，她觉得这样的生活苦中有甜，也不错。

但是随着时间的逝去，眼看着当初和她一起毕业的几个同学找了有钱的男朋友，住进了别墅，开着名牌跑车，她感到不平衡了。每次那些同学在她面前炫耀的时候，她就觉得自己很没面子。但是她的男友周鹏始终是个小职员，无法满足她的各种要求。

后来，一次偶然的应酬中，一个房地产的老板对她似乎很感兴趣，几次邀请她出去。刘芳终于经不起对优越物质的渴望，答应了这个老板的要求。就这样，她得到了她想要的一切，名牌时装、化妆品……不久，刘芳和周鹏分了手，成了这个老板的"专职情人"。这期间她开着名车，有花不完的钱。但是她的身份特殊，身边没有一个朋友。她即使开着跑车，吃着名贵的西餐，但是在这些享受过后，她仍然觉得很空虚。有一天，这个老板因为涉嫌非法交易被抓了，她的房子、车和其他的财产都被冻结、扣留了。这个时候，她才发现，自己已经一无所有。

生活中，有一些女人总是羡慕别人的生活，羡慕别人美丽的容颜，羡

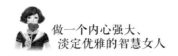
慕别人庞大的财富……其实，她们忽略了自己拥有的一切，安定的工作、和睦的家庭、健康的身体、知心的朋友，而这些也是别人梦寐以求的。所以别让这种美好的生活从身边悄然溜掉，请珍惜你已经拥有的快乐和幸福，学着做个知足的人。

人们常说，"知足者常乐"，所谓知足，是种平和的境界，所谓常乐，是一种豁达的人生态度。"知足者常乐"，不是说一个人安于现状，没有追求，没有目标，而是说一个人懂得取舍，也懂得放弃，懂得适可而止。在这个物欲横流、竞争异常激烈的社会，虽然人人都明白这个道理，但又有多少女人能够真正地体会到"知足者常乐"的意境呢？

一个女孩总是不停地抱怨自己时运不济、发不了财，整日愁眉苦脸。有一天，她遇到了一位老人，老人看见女孩这种愁容，就问道："姑娘，你为什么愁眉苦脸？难道你不快乐吗？"

女孩说："我不明白我为什么总是这样穷？"

"穷？我看你很富有嘛！"老人由衷地说。

"为什么你会这样说？"女孩问。

老人没有正面回答，反问道："假如今天我折断你的一根手指头，给你1000元，你愿不愿意？"

"不愿意。"

"假如斩断你的一只手，给你1万元，你愿不愿意？"

"不愿意。"

"假如让你马上变成80岁的老翁，给你100万，你愿不愿意？"

"不愿意。"

"假如让你马上死掉，给你1000万，你愿不愿意？"

"不愿意。"

"这就对了，你身上的钱已经超过了1000万了呀。"老人说完就笑吟吟地走了。

看着老人离去的背影，女孩恍然大悟，学会知足才能让自己更快乐。

知足常乐是一种健康的人生态度，它让你用宽容的心态来对待人生，面对生活，因为这种心态能让你在生活上不贪婪、不奢求、不浮躁，从而达到心境平和而宁静。就生命的本质而言，知足常乐充满了平凡而又深奥的哲理，每个女人都应该深思。

人生在世，名利金钱都是身外之物，我们就是时时刻刻永不停息、永无止境地去追求和索取它们，也不会有满足的时候。相反，它们还会给你带来无尽的坎坷和烦恼。所以，许多时候，我们之所以感觉不幸福、不快乐，多半是由于我们的不知足。

被称为"快乐博士"的心理学教授艾德·迪纳尔曾和儿子罗伯特周游世界，在100多个国家收集幸福感的数据，结果发现：无论是在迪拜的黄金市场还是澳大利亚内地，幸福都有着类似的规律。他们认为，人们需要一定的物质财富来获得满足，但满足的程度不会随着需求的获得而增加。尽管当一种主要需求得到满足时，比如得到一枚一克拉的钻戒，女人们的幸福感会出现一个高峰，但这种幸福感不会持续太久。也就是说，以满足物质需要来获得快乐，必须付出越来越高昂的代价。因此，迪纳尔得出这样的结论："如果我们能逐渐降低我们的愿望、期待，我们便容易得到满足和幸福，即使在衰退的经济环境中。"

知足的人才能常乐，平淡的生活才是幸福。做个健康、幸福、快乐的知足女人，何尝不是一种快乐，生活本来就是简简单单的，何必搞得那么复杂；做个健康、幸福、快乐的知足女人，何尝不是一种超然，用一颗平常的心热爱生活，无欲无求；做个健康、幸福、快乐的知足女人，何尝不是一种满足，愉快地接受所拥有的，常怀感恩之心面对周围的一切。

总之，女人要懂得知足，常怀感恩之心，只有这样，才不会在岁月里

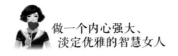
走向庸俗。心中有快乐，所见皆快乐，心中有幸福，所见皆幸福，这才是
一个女人应该达到的境界。

别让攀比毁掉了你的幸福和快乐

梅须逊雪三分白，雪却输梅一段香。人也各有其长、各有其短，盲目
攀比毫无意义。

《牛津格言》中说："如果我们仅仅想获得幸福，那很容易实现。
但我们希望比别人更幸福，就会感到很难实现，因为我们对于别人的幸福
的想象总是超过实际情形。"的确如此。攀比总是伴随着抱怨，使我们的
心理无法趋于常态。攀比是无止境的，如果永远都抱着攀比的心态生活下
去，那么你每天的生活都将处在水深火热之中。攀比有时就像一把利剑，
刺向自己心灵的深处，而且攀比对人对己都十分不利，最终伤害的只有自
己的幸福和快乐。

有一位爱和别人比较的妻子对丈夫说："我们绝对不能输给别
人，你看你的同事小李，他职位不比你高，能力你们旗鼓相当，因此
他有什么我们也一定要有什么。记住了吗？我问你你知不知道他家最
近又添了什么？

丈夫回答："他最近换了一套家具。"

太太说："那我们也要换套新的家具。"

丈夫又说："他最近买了一辆车。"

于是太太又说："那你也应该马上买一辆啊！"

丈夫接着又告诉太太："小李他最近……最近……算了，我不想

说了。"

太太马上大声追问："为什么不说，怕比不过人家呀！快点说。"

丈夫便小声地跟妻子说："小李他最近换了一个年轻漂亮的妻子。"

太太没话说了。

这个太太是可笑的，什么都要和人家攀比，直到最后，听说人家把太太也换了，她才作罢。这个故事巧妙含蓄地将女人的攀比心理表现得淋漓尽致。爱攀比，是女人的一种天性。同为女性，有的人终日绫罗绸缎、锦衣玉食，有的人麻布葛衣、粗茶淡饭，有的人趾高气扬却集三千宠爱于一身，有的人低眉顺眼还是得不到他人的正眼相看……一样的生命却有不一样的生活，由不得心中不生出许多感慨。

当然世界上少不了攀比，而且从一定意义上来说，攀比还是人类进步的侧面动力。一个人想在社会上确定自己的位置，并不断超越自我，必须选定一个参照物。但是，我们提倡的是理性的比较，而不是盲目的比较。我们可以不知足，但是不能盲目攀比，否则就会失去自我和特色，到头来只能是徒增烦恼。

林梅与李双从小在一起长大，是很要好的朋友，两个人的孩子差三天。为了让孩子掌握一门音乐特长，两个人给孩子报了个钢琴班。

刚开始，两个孩子的学习水平还没有差别，可是慢慢地就有了不小的差别。李双的孩子音乐感好，对钢琴有特殊的喜好，不用说也知道自己练习，弹奏的水平非常高。可是林梅的孩子对音乐好像没有兴趣，特别反感弹钢琴，坐到钢琴前面就犯困，弹奏的曲子也不好听。

两个孩子同时去考级，李双的孩子发挥正常，如愿地考上了。可是林梅的孩子，由于平时的基本功不扎实，临场紧张，弹得不好，没

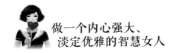
有考上。林梅当时就感到没有了面子，气得当众痛斥了孩子一顿。为了挽回面子，她开始限制孩子的活动时间，除了上学以外，回家的大部分时间就是练习弹钢琴，连双休日也不让孩子自由活动。

一年以后，钢琴又开始考级了。可是，结果出来以后，让林梅大失所望，自己的孩子还是没有考上，而李双的孩子却不负众望，又提高了一级。林梅非常生气，从此更加严厉地监督孩子弹钢琴。一天，孩子弹钢琴弹到一半，全身哆嗦、呼吸紧张、满脸大汗，吓得林梅赶快把孩子送进了医院。医生经过紧急救治，认为是心理紧张造成的。通过了解，医生知道了孩子的情绪紧张是林梅的压力造成的，于是建议林梅看心理医生。

在心理医生面前，林梅把内心地苦恼全部说了出来。原来，她与李双很要好，什么也不想落在李双后面。看到自己的孩子弹钢琴的水平不高，就很气愤。心理医生说："你的攀比心理，造成了你的错误做法，你为了你自己的面子，把压力全部给了孩子，逼迫孩子学他不喜欢的乐器，盲目与同事的孩子比钢琴成绩，造成孩子心理出现问题，严重影响孩子的成长……"林梅接受了心理医生的建议，按照孩子的意见，不再学弹钢琴了，而是让他自由活动，参加了他喜欢的乒乓球队。在乒乓球的世界里，孩子特别有灵性，很快精神状态恢复了。在学校老师的推荐下，还上了业余体校，乒乓球技术提高迅速，成绩在同年龄组全市第一名。林梅看着孩子的进步，眉开眼笑。

女人一生最悲哀的事情就是拿自己的处境和别人作比较。攀比不是罪过，但攀比心太强必然烦恼丛生。如果跟在别人后面亦步亦趋，在越来越让人眼花缭乱的欲望对象面前患得患失，那将永远也体会不到人生最值得珍视的内心和平。

攀比源于对自己、对现状的不满。鲁迅说，"不满是向上的车轮"，有追求、有梦想是件好事，但是，这不等同于盲目攀比。现在，有很多人不断地去寻找、探索、追求幸福感，但终不得其果。心理学家认为，幸福与否主要是期望的反映，在很多情况下，是跟别人攀比造成了幸福感的缺失。感受不到幸福是因为对幸福的期望太高，设定的条件太苛刻，无法激发、启动对幸福感知的神经，甚至是对幸福的感觉反应迟钝，所以有些人常常会不开心，感受不到幸福。

　　刘红和宋刚是一对新婚不久的小夫妻。可是最近一段时间，两个人却总是因为一点小事吵架，闹得很不愉快。原因就在于，刘红总是把宋刚和别人作比较，常常用宋刚的缺点去比别人的优点，这让宋刚很不高兴。

　　其实，在谈恋爱的时候，刘红是一个温柔体贴的女孩，总是处处为宋刚着想。刚开始，两个人的工资不高，刘红过生日的时候，宋刚只能买一个最小的蛋糕送给她。可是，刘红却觉得这是世界上最温暖的礼物，还埋怨宋刚乱花钱。

　　可是，不久前，刘红参加了一次同学聚会。当听到别人都已经住上别墅、开上私家车的时候，她的脸一下子就红了起来。刘红心想："早知道就不来了，省得在这里丢面子。"回到家，宋刚问她："聚会玩得开不开心？"刘红正好一肚子气没处撒，于是大声说道："好玩什么！都怪你没出息，现在我们住在这么个小房子里！你瞧瞧人家，阿金已经住上别墅了！阿凤也开上小汽车了！就只有我，嫁给你只能过这种穷日子！"宋刚听了这话，半天没有说话，过了一会他想安慰刘红两句，便说道："何必跟别人比呢？我们过自己的日子，不是也很开心吗？""哪里开心？以前我是不知道，现在我才知道，自己原来这么寒酸！"刘红生气地说道。听了这话，宋刚也生气了，大声说："怪我没本事，你去看看谁有本事，就直接跟谁走！"结果，两个人越吵越生气，声音也越来越大。隔壁邻居听见了，过来劝了好半天才让这场"战争"停火。

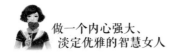
本来是一对非常幸福的小夫妻，就是因为和别人比较，结果破坏了和谐的家庭关系，这完全是盲目攀比的心理在作怪。我们越来越富，但没有更幸福的部分原因就是我们老是拿自己与那些物质条件更好的人比。

攀比之心，人皆有之。但如果一味盲目攀比，只会给自己带来不必要的烦恼。俗话说"人比人气死人"。无论在什么场合，有的人总喜欢攀比，这样的人无论怎么富有，生活似乎总是痛苦的，这样的人痛苦的本身在于自己太爱攀比。

其实，如果你真的要攀比，有一件非常简单的事你能做：那就是与那些不如你的、比你更穷、房子更小、车子更破的人相比，你的幸福感就会增加。可问题是，许多人总是做相反的事，他们老在与比他们强的比，这会让他们生出很大的挫折感，会出现焦虑，觉得自己不幸福。所以，我们要学会知足。无论贫或富，我们都不必和别人攀比，不必奢求荣华富贵、锦衣玉食。只要过好自己的日子，感悟生活的真谛，享受生活带来的快乐，你就会感受到无比的幸福。

总之，现代女性应该学会正视自己，学会自我开释。只要退一步想，你就会发现，生活中的很多事情其实并不需要太在意。真正需要我们在意的，是怎么才能及早消除盲目攀比、自我折磨的变态心理。

放下虚荣才能活得开心点

虚荣心是人类一种普遍的心理状态，无论古今中外，无论男女老少，穷者有之，富贵者亦有之。心理学家认为，虚荣心在女人中具有普遍的倾向，是许多女人的通病。比如，初次见面的两个女人，在打招呼的瞬间就会将对方从头到脚打量一遍，以确定对方的"价值"，对方的服装、饰品都是估计的对象。如果对方指上有钻戒的话，那就会更为认真地"研究"，确定一下它是真品还是赝品，价钱多少，等等。

虚荣心强的女人，在生活和工作中，常常把注意力放在别人对自己的评价上，爱听奉承话；她们不是认真努力地工作，而是热衷于文过饰非，做表面文章；她们嫉妒比自己强的人，容不得别人有成就，贬低别人，幸灾乐祸。因此，虚荣心强的女人的人际关系往往也很紧张，在婚恋天地里，虚荣心更会造成女人的痛苦。

下面就是一个女人为虚荣付出极大代价的故事：

认识桦的时候，珍刚刚换了一份工作，一切都要从头开始，桦的关心和帮助，深深感动着珍，这是我要的男生吗？看着桦俊朗的外貌，珍在心里点头。桦的收入不错，可是要满足珍的虚荣心，在这个繁华的都市似乎还是有些困难。在这个都市，有着太多的诱惑，他们还没有房子，没有车，他们还处于一穷二白的阶段。桦对珍的大手大脚颇有微词，可是他是宠她的，他宁可自己节省，也不愿让珍受委屈。可珍是贪婪的，每当看着同事拿着LV的拎袋，穿着Chanel套装，珍的心里就有一种酸酸的感觉，回到家，就会对桦发个不大不小的脾气。桦从来不生气，每次都默默地听珍说，有时连珍都觉得自己说得没理，可还是死撑着让他来哄。桦的好脾气助长了珍的嚣张气焰。

渐渐地，两人在一起时间长了，结婚、买房子的事情，提上了日程，看着日益增长的房价，他们按捺不住，终于商量着一起买了房子，说是一起买，珍不过是在公积金里扣了一些钱，而为了在姐妹中炫耀，珍要求桦答应她房产证上要写她的名字，桦想也没想就答应了，那时珍笑着问桦："你就不怕，万一我和你分手，你连房子都没有吗？"桦很认真地对珍说："如果你真的要和我分手，这房子还算什么呢？我宁可不要。再说你在上海无依无靠，我是个男的，走

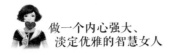
到哪里都可以生活，难道我会要你一个女孩子拎着箱子在大街上流浪吗？"看着桦一脸的真诚，珍被感动了，这是一个爱她的男人，一个全心全意呵护她，一个想要和她天荒地老，就算她背叛他，也会为她着想的男人。珍决定和他过一生。

买了房子后，两个人的生活就显得拮据了，珍不能再像以前那样，大手大脚乱花钱，而桦则更加节省。可是，虚荣心让珍抵挡不了诱惑，她会不顾一切地刷信用卡，来满足自己的需要，而把沉重的债务丢给桦，从未想过，他是如何还上这些钱的。

一天，珍头脑发热买了一个LV的包，当她喜滋滋地拿着包向桦炫耀时，桦生气了，他一言不发，一脸阴沉地问珍："你知道，我一个月还多少贷款吗？你知道这一个包要刷掉多少钱吗？你知道我们住的房子的按揭加上电、水、煤气费是多少吗？"珍愣在那里，不知道该怎么回答他。看着他吓人的样子，珍大哭着，不负责任地说："你自己挣不到钱，为什么说我。""你要是嫌弃我，就去找个大款。"桦摔门而去。虽然没多久他们又和好了，但从此他们经常为了钱的事情吵架。

桦的气话，在珍遇见程后，变成了现实。程是香港人，在上海开了一个公司，规模很大，白色的宝马车，让珍的虚荣心得到了极大的满足。他经常带珍出入那些以前不敢去的高档场所，送珍一些价值不菲的礼物，虽然珍心里觉得对不起桦，但她却控制不了自己，面对程的金钱攻势，珍一点一点妥协。好友不断地劝她，每每看着桦忙碌的样子，珍也会很自责，下定决心要放弃程，可是当程开着宝马挡在珍面前时，她又会不由自主地坐进去。

珍过生日时，程用一根钻石项链彻底征服了她，珍狠着心从和桦的房子中走出来，不敢看桦悲伤的双眼，好友在她身后说："你会后悔的，你会后悔一辈子的。"

不到一年，好友的话应验了，程开始夜不归宿，总说太忙，回香港的次数也越来越多，常常背着珍打电话，身上会有陌生的香水味。没事的，一切都会没事的，珍安慰着自己，拿着程给的信用卡不停地购物来安慰自己。然而，珍却不得不面对现实，当程收回信用卡时，珍又回到了那个一无所有的样子。

这时，她才想到桦的好，才明白好友的话，可是又有什么用呢？桦的身边已经有了一个甜美的女生，她和桦很般配，就算她没有出现，珍也无法回到桦的身边，因为珍自己都不能原谅自己了。离开桦，是珍这一生犯的最大的错误，她将不再奢望自己还能拥有真爱，她打算用孤独一生来赎罪。

虚荣，是人生的一记暗伤。轻者，累及一时；重者，痛苦一生。太爱慕虚荣，不是自己为自己增光，而是自己给自己添累。

虚荣心是一种递增的发展事物，好像一只被吹起来的气球一样，总是希望越吹越大。生命的虚荣心是无限的，俗话说"做了皇帝还想成仙"，满足了一个愿望，随之又产生了两三个愿望。满足了这个细小的愿望，很快又新生了那些庞大的愿望。由此可见，虚荣心具有一种强烈的渴求力量。求而得之，则满足快乐；求而不得，便苦恼愁闷，便寻求新的获得途径。

受虚荣驱使的女人，只追求表面上的荣耀，不顾实际条件去求得虚假的荣誉。有人说虚荣心是一种扭曲的自尊心，死要面子、打肿脸充胖子，这就是对虚荣心的生动描述。

在虚荣心的驱使下，女人往往只追求面子上的好看，不顾现实的条件，最后造成危害。因此，虚荣心是要不得的，应当把它克服掉。

培根曾说："一切恶行都围绕着虚荣心而产生，且都不过是虚荣心的一种表达方式。"这话并不过分。虚荣是一种虚幻的花环，看似光彩耀人，但它却能让人的心灵变质。在五彩的世界里，我们的心灵要经受各种考验。相对于心灵来说，外面的世界很精彩，外面的世界亦很无奈。每个

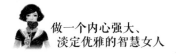
人生存于社会，不仅负担着实现个人目标的任务，同时亦肩负着一定的社会责任。每个女人都应有一种高贵的气质，远离虚荣，不要让浮华的云朵遮住自己的目光。

学会感恩才能感受到自己的幸福

感恩是一种处世哲学，是生活中的大智慧。学会感恩，是为了擦亮蒙尘的心灵而不致麻木，学会感恩，是为了将无以为报的点滴付出永远铭记于心。

感恩是一个人应该拥有的本性，也是拥有健康性格的表现。在生活、工作、学习中，我们都会遇到别人给予帮助和关心，也许我们不能一一回报，但是对他们表示感恩是必需的。

感恩是一种对恩惠心存感激的表示，是每一位不忘他人恩情的人萦绕心间的情感。如果在我们的心中培植一种感恩的思想，则可以沉淀许多的浮躁、不安，消融许多的不满与不幸。只有心怀感恩，我们才会生活得更加美好。

感恩是一种发自内心的生活态度。我们仔细观察一下，就会发现生活中总有值得感恩的事情，不要责怪现实给予我们太少，问询一下我们的心，是不是自己向现实要得太多、要得太理所当然了，忘记了得到的快乐，忘记了感恩。人之所以不开心，也就在于此。

感恩，是一种歌唱生活的方式，它源自人对生活的真正热爱。感恩之心足以稀释你心中的狭隘和蛮横，更能赐予人真正的幸福与快乐。心存感恩，你就会感到幸福。

很早以前，有一位国王觉得自己不幸福，就派宰相去找一个最幸福的人，将他幸福的秘密带回来。

宰相碰到男人问："你幸福吗？"

男人回答："不幸福，我还没有功成名就呢。"

宰相碰到女人问："你幸福吗？"

女人回答说："不幸福，我没有闭月羞花的美貌。"

宰相碰到穷人问："你幸福吗？"

穷人回答说；"不幸福，我没有钱。"

宰相碰到富人问："你幸福吗？"

富人回答说："不幸福，我的钱还不够多。"

宰相询问了各种各样的人，但始终没有找到自认为最幸福的人。在返回的路上，一筹莫展的宰相听到远处传来的歌声，那歌声中充满了欢乐、活力和激情。于是宰相赶紧找到了那个唱歌的人。

宰相问："你幸福吗？"

唱歌的人回答："是的，我幸福，我是最幸福的人。"

宰相问："你为什么是最幸福的人呢？"

唱歌的人回答说："我感激父母，感激生命，感激妻子，感激朋友，感激这温暖的阳光，感激这和煦的春风，感激这蓝蓝的天空，感激这广阔的大地。我感激所有的一切，因此我是最幸福的人了。"

宰相问："为什么？"唱歌的人回答："因为对能够改变的事情，我竭尽全力，追求美好；对不能改变的事情，我顺其自然，随遇而安。"

宰相发自肺腑地说："你确实就是那个最幸福的人啊！快说出你幸福的秘密吧，国王一定会重赏你的。"

最幸福的人说："如果我有幸福的秘密，那就是我懂得心怀感激，因为感激才会珍惜，因为珍惜才会满足，因为满足才会幸福。给不给我赏赐都无所谓，你还是把幸福的秘密送给国王，送给一切需要

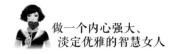
幸福的人吧。"

感恩和幸福永远是一对孪生兄弟，只有一个常怀感恩之心的人，才能获得幸福。有一句话说："所谓幸福，就是拥有一颗感恩的心，一个健康的身体，一份称心如意的工作，一个相知相伴的爱人，一群值得信赖的朋友。"生活需要感恩，常怀感恩之心，才能领悟美好。人之所以有感情，是因为生命会感动，所有的感动，都源于感恩。

生活中，我们要常怀感恩之心——感恩现在、过去和将来；感恩父母、老师和他人；感恩自己的努力和社会的恩赐。只有这样，我们的内心才会充实，头脑才会理智，眼界才会开阔，人生才会赢得更多的幸福。

女人学会感恩，就会善待自己，更好地生活；学会了感恩，就会懂得宽容，不再抱怨，不再计较；学会感恩，便能以一种更积极的态度去回报身边的人；学会感恩，会抱着一颗感恩之心，去帮助那些需要帮助的人；学会感恩，会摒弃那些阴暗自私的欲望，使心灵变得澄清明净……

第七章　气雅若兰，
用优雅的言谈举止
提升个人气质

在坐立行走中彰显你的优雅气质

举止是一个人自身素养在生活和行为方面的反映，是表现一个人涵养的一面镜子。在中华民族礼仪要求中，"站有站相，坐有坐相，走有走姿"是对一个人行为举止最基本的要求。正确而优雅的举止，可以使女人显得有风度、有修养，给人以美好的印象；反之，则显得不雅，甚至失礼。

名模陈思璇曾被身边人笑称为"台步女王"，这自然与她的职业有关，作为模特需要经常出入各大秀场，有时一天走好几场秀，许多模特一下T台就放松紧绷的神经，抓紧时间休息。而陈思璇仍然像电线杆一样站着，丝毫不觉得累。在被问及为什么如此注意自己的站姿时，她笑答："其实我也试过别人认为舒服的姿势，可是已经习惯挺胸抬头的我一放松下来就很疲惫，还不如挺胸抬头来得舒服。大家叫我'台步女王'，不过我认为站姿是一切美姿美仪的基础，如果一个人站得懒散是很难成为美女的。"

优雅迷人的姿态有赖于日常培养。想要成为一个优雅女人，就需要在平时的工作、生活中时刻注意自己的仪态。这样，即使没有人教你该怎样做，你自己也会表现得亭亭玉立。

举止看起来好像是琐碎小事，但是小事往往更能直接地反映出一个女人的文化修养和素质。

在日常生活中，我们经常碰到这样的女人：她们或是温柔妩媚，或是

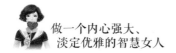
漂亮异常，然而一举手、一投足，便表现出粗俗。这种女人虽金玉其外，却是败絮其中，只能招致别人的厌恶。所以，在社会交往活动中，要给对方留下美好而深刻的印象，外在的美固然重要，而优雅的举止等内在涵养的表现，则更为人们所喜爱。这就要求我们应当从举手投足等日常行为方面有意识地锻炼自己，养成良好的站、坐、行姿态，做到举止端庄、优雅得体、风度翩翩。

1．站有站相

站立姿势，又称站姿或立姿。它是指人在停止行动之后，直着自己的身体，双脚着地，或者踏在其他物体之上的姿势。它是人们平时所采用的一种静态的身体造型，同时又是其他动态的身体造型的基础和起点。

站姿，是修炼优雅女人的基础。一个人无论有多绝伦的容貌、多标准的身材、多精致的妆容，如果有着一副萎靡不振、弯腰驼背的姿势，那么优雅就根本无从谈起。

所谓"站如松"，不是要站得像青松一样笔直挺拔，因为那样看起来会让人觉得很拘谨。这里要求的是站立的时候要有青松的气度，不要东倒西歪。

良好站姿的要领是挺胸、收腹，身体保持平衡，双臂自然下垂。忌：歪脖、斜腰、挺腹、含胸、抖脚、重心不稳、两手插兜。

女人站立时，头部应保持挺拔，感觉是有人在往上拉你的头发，有这种感觉的话，人会自然而且努力地站直。你看那些受过专业训练的舞蹈演员和时装模特儿，她们无论在什么状态下，头部始终保持挺拔昂扬的姿态。这样做，不仅自我感觉很高贵，而且气质也出来了，整个人显得非常精神，显得神采飞扬。

头部挺拔并不是昂起头，用下巴对着别人显然是有失礼貌与风度的，所以头部还是应保持平直，目光平视，双肩打开自然放松，胸略挺，手臂自然下垂，双腿靠拢成小"八"字或小"丁"字步站法，身体重心落在两个前脚掌。

总之，姿态要优雅，优雅是种内心暗示，是种感觉，感觉到位，你的站立姿态自然会表现出这份优雅。

2．坐有坐相

坐姿也能显示一个女人的文化修养和内心世界。因为坐的时候，人处在静止的状态，更多的习惯性举止会不知不觉地表现出来。

要想坐出个美姿来，平时就要养成良好的习惯。真正做到不仅让人觉得安详舒适、端庄稳重，而且还要显得轻松自如、落落大方、文静优美。我们经常会见到一些不雅坐法，比如两腿叉开、腿在地上抖个不停而且腿还跷得很高，让人实在不敢恭维。优雅的坐姿传递着自信、友好、热情的信息，同时也显示出高雅庄重的良好风范。

所谓"坐如钟"，并不是要求你坐下后如钟一样纹丝不动，而是要"坐有坐相"，就是说坐姿要端正，坐下后不要左摇右晃。

坐姿的基本要领是：入座时走到座位前，转身后把右脚向后撤半步，轻稳坐下，然后把右脚与左脚并齐，坐在椅上，上体自然挺直，头正，表情自然亲切，目光柔和平视，嘴微闭，两肩平正放松，两臂自然弯曲放在膝上，也可以放在椅子或沙发扶手上，掌心向下，两脚平落地面，起立时右脚先后收半步然后站起。

一般来说，在正式社交场合，要求男性两腿之间可有一拳的距离，女性两腿并拢无空隙，两腿自然弯曲，两脚平落地面，不宜前伸。在日常交往场合，男性可以跷腿，但不可跷得过高或抖动，女性大腿并拢，小腿交叉，但不宜向前伸直。

为使你的坐姿更加正确优美，应该注意：入座要轻柔和缓，起立要端庄稳重，不可弄得座椅乱响，就座时不可以扭扭歪歪、两腿过于叉开，不可以高跷起二郎腿，若跷腿时悬空的脚尖应向下，切忌脚尖朝天。坐下后不要随意挪动椅子、腿脚不停地抖动。女士着裙装入座时，应用手将裙装稍稍拢一下，不要坐下后再站起来整理衣服。正式场合与人会面时，不可以一开始就靠在椅背上。就座时，一般至少坐满椅子的三分之二，不可坐

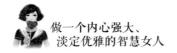
满椅子，也不要坐在椅子边上过分前倾；沙发椅的座位深广，坐下来时不要太靠里面。

3．走有走姿

无论是在日常生活中还是在社交场合，走路往往是最引人注目的身体语言，也最能表现一个女人的风度和活力。

只单纯地规范站立的姿势，并不能成为一个真正的姿态美人。真正展现女人摇曳多姿的，应该是女性的行走姿态。走姿是站姿的延续动作，是在站姿的基础上展示女人的动态美。

走的时候，头要抬起，目光平视前方，双臂自然下垂，手掌心向内，并以身体为中心前后摆动。上身挺拔，腿部伸直，腰部保持平直，脚步要轻并且富有弹性和节奏感。

走路时上身基本保持站立的标准姿势，挺胸收腹，腰背笔直；两臂以身体为中心，前后自然摆动，前摆约35°，后摆约15°，手掌朝向体内；起步时身子稍向前倾，重心落前脚掌，膝盖伸直；脚尖向正前方伸出，行走时双脚踩在一条线上。

值得注意的是，女性不应在行走时吸烟或吃零食。女士步履要匀称、轻盈、端庄、文雅，显示温柔之美。

总之，行为举止是一种无声的语言，是一个人的性格、修养和生活习惯的外在表现。在人际交往，你的行为举止，直接影响着别人对你的评价，因此，女人一定要养成良好的习惯。中国人最讲究的是"精、气、神"，凡事有骨，也就是体现出其内在的本质。所以，无论是"坐如钟""站如松"还是"行如风"，都不是让你简单地模仿这三种物体的外表形态，而是要你掌握它们的"精、气、神"，做到神似，而非形似。

别让不良举止毁了你的优雅形象

米德尔顿大主教曾告诫人们："高贵的品质一旦与不雅的举止纠缠在一起，也会让人厌倦。"女人如果没有优雅的举止，即使你明艳动人，也会让人觉得没有修养，自然毫无美感可言，同时你的形象也会在人们的心中大打折扣。但言谈举止都优雅得体的女人，往往会具有一种从心灵深处不断溢出的摄人心魄的气质。即使你相貌平平，优雅的举止也会让你平添几分光彩，赢得人们的尊敬。时间可以带走女人美丽的容颜，但举止优雅的女人却能够弥补岁月刻下的痕迹。

小珊是一家外资公司的客户服务人员，她是家里的独生女，而且长得非常漂亮，看到她就会让人有种眼前一亮的感觉。她的学历和能力在公司里都是数一数二的，但进公司两年多了，还是一个普通的员工，没有得到升职的机会。

其实，小珊在职场上不被重视与她的举止有很大的关系。开会的时候，小珊总是下意识地转笔，笔掉在地上的声音在严肃的气氛中分外刺耳，在座的领导和同事都冷眼看她；和同事聚餐的时候，她动不动就拿出小镜子和梳子来梳理她的头发，有时还会有几丝断发不听话地飘到餐桌上；最要命的是，小珊对自己的美丽过分自信，所以走路的时候总是扭着屁股，让人看着很不舒服；小珊还有很多不良的举止习惯，有时候和客户在一起，她的行为举止也让客户感到无所适从，从而影响了公司的形象。

渐渐地，上司忍无可忍，他告诫小珊，如果还不尽快纠正自己的

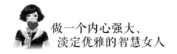
行为举止，就要请她另谋高就。

温文尔雅、稳重大方、举止得体的女人，会给人留下成熟、值得信赖之感。事例中的小珊虽然其他方面都很优秀，但不良的举止却让她成了职场上不受欢迎的人，也阻碍了她未来的发展。可见，优雅得体的举止在社交、工作中是何等重要。

因此，女人要随时随地做到举止优雅、亭亭玉立地站着抑或是端坐着，保持愉悦祥和的表情，穿着漂亮合体的衣装。但有一些女人虽然穿着漂亮的时装，但只要一坐，整个人就松松垮垮的，一副无精打采的样子，有时候还跷着二郎腿不停地抖动，给人极不耐烦的感觉，这些女人即使穿着再漂亮，也会让人觉得毫无美感，更无气质可言了。

对女人来说，相貌平平不是成为一个美丽、典雅女人的绊脚石，真正的绊脚石是她们的行为举止。要避免这些，我们应该从一点一滴做起，使自己优雅起来。

1．不当众搔痒

作为女性，你必须要知道搔痒动作不雅，而且由于你的搔痒动作当众进行，会令人产生联想，诸如皮肤病等各种症状，使别人感觉不舒服。

2．防止体内发出各种声响

生活经验告诉我们，任何人对发之别人体内的声音都不太好受，甚至感到讨厌。作为女性，要杜绝自己在公众场合有诸如咳嗽、喷嚏、哈欠、打呃、响腹、放屁等行为或习惯，因为这些响声都会令人觉得你不太舒服或是正在生病，别人会立马感到受威胁或产生联想，继而产生厌恶感。

3．不乱丢烟蒂

现在有越来越多的女性开始抽烟。而抽烟的人在许多场合不受欢迎，究其原因就是人们认为吸烟者缺乏卫生习惯。如果你是一位抽烟的女性，看看自己有没有这些不良的抽烟习惯：如走着路抽着烟，令擦身而过的人害怕烧坏了自己衣服；随处点烟，使环境受到污染；没有燃尽的烟蒂又令人害怕引发一场不该有的灾难，随处乱扔烟蒂，往往会损坏地毯、地板和环境。有些人还会在其就座的位置旁，随手按灭烟头，致使烟头留在窗台、墙边、桌边，令人十分反感。

4．不随地吐痰

随地吐痰是一种恶习，在一些不发达、不文明、环境恶劣的情况下到处可见。遗憾的是身处文明之地，身着时髦靓衣的女性有时也会犯此病，乘人不备随地吐痰。这种令人作呕的行为应该坚决杜绝。每一个现代文明人，都应清醒地认识到，是否有人看见你随地吐痰不是问题的关键，关键是因为这种举动，证明你还处于愚昧、落后、肮脏的环境和阶层。

5．不良体态

在交际中，还应避免的几种不良体态：

（1）跷起二郎腿，并将跷起的脚尖朝着别人。

（2）打哈欠，伸懒腰。

（3）剪指甲，挖耳朵。

（4）跺脚或摆弄手指关节，发出"咔咔"声。

（5）看表，当众照小镜子或化妆。

（6）双手抱在脑后，身子前后摇动。

（7）交叉双臂抱在胸前，摇头晃脑。

（8）双腿叉开、前伸，人半躺在椅子上。

（9）揉眼，搔头发，搓鼻子。

（10）对着别人喷烟或吐烟圈。

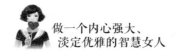
优雅的女人需要有好声音

声音是语言的载体，是我们了解外面世界的媒介，美妙的声音能带给人美的享受。心理学家认为，声音决定了人类38%的第一印象，而音质、音调、语速变化和表达能力则占有说话可信度的85%。说话是一种有声语言的表达，因此，说话声音的质量显得尤为重要。

对女人而言，声音是裸露的灵魂。很多人都会有这样的经历，就算已经不记得一个女人的相貌了，但是她的声音却仍萦绕耳边，记忆犹新。

一个女人体形胖点、皮肤黑点，甚至五官长得不是很美，时间长了都可以被人习以为常，但一个人说话声音难听，却很难让人接受。一个女人天生就有天使的面容，魔鬼的身材，穿着高贵、举止高雅，但如果开口说话，嗓音干涩，或节奏急切、像机关枪似的，那实在是一个悲剧：也许她的美会因她难听的声音而大打折扣。

一个人的声音，是有神而无形的文字，是一份比外貌更能持久迷人的魅力。好听的声音，就像天籁之音，又如一幅美丽的画卷，更是女人自然天成的乐器。

一个女人的动听声音应该是饱满而充满活力的，既能充分传递自己的感情，又能调动他人的感情。音质宽厚醇美、语调抑扬顿挫，可以散射出独特的女性魅力，美化你的形象，保持人们对你的积极的注意力，并且提高交流的效果。

海伦是个漂亮的阿根廷女人，38岁的她刚刚晋升为英国某银行股市信息主任。她自信、独立，对自己的事业充满了抱负和展望。在这个雄性主宰的金融业，如同很多高级白领丽人一样，她追求完美、卓越，以获得同事和下级的尊重，她努力开发一切能够为她增加领导力的资源。她要求形象设计师英格丽让自己身上的每一个部件都发挥权威的作用。终于，海伦成为一个无可挑剔的、现代的、强干的女管理者。

但是当英格丽委婉地提出她的声音可以重新训练，改变了发声后，会在听觉上为她增加权威时，海伦认为这无关紧要："我从小就这样说话，我已经没法改变了。"确实，没有人告诉漂亮的、风度翩翩的海伦，她还有美中不足之处——那就是海伦的声音又尖又细，如同十几岁的女孩，这与她强大、独立的性格和一个管理者的外在形象格格不入。

几次会议后，她开始注意到自己的声音确实产生不了权威。当别人争论，她试图插话时，别人好像根本就听不到她的声音。在电话中，人们常常误以为她是一个年轻的秘书。同事丹尼尔也说："她那刺耳的声音与她的职务和外表毫不相称，每当她失去耐心时，声音更是变了质，听起来像一个十五六岁的女孩，而不是一个38岁的、成熟的、有权威的女人。"

三个月后，追求完美的海伦终于不能再忍受自己的声音破坏权威的形象，她决定自费去找演讲家学习新的发声法。她说："不到这个位置上，也许我永远不知道自己声音的缺憾。虽然在38岁学习发声是件让人惊奇的事，但是我别无选择。"

一个优雅的女人，是懂得用声音征服世界的女人，所幸海伦注意到并做到了。美妙的声音可以穿越心灵，聪明的女人应该懂得驾驭自己的声音；很多女人对自己的样貌、服饰、能力都很有信心，但她们容易忽略自己的声音。在社交场合中，如果一位女性拥有良好的举止仪态，说话的声音也很甜美，那就会更加增添她的女性气质，使她的语言充满感染力。

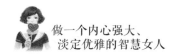
有个女孩大学毕业时，应聘几家外资企业都惨遭碰壁。原因是她讲话、说笑总是用很大的嗓门。一家外资公司人力资源主任认为，声音很重要，它是文化素养的一种综合体现，有时候它比容貌更重要，因为公司的很多工作都是通过电话联络的，你和客户见面的机会倒并不很多。所以，她希望她的员工不但要有优雅的仪态，还要有优美的声音。

声音是修养和优雅的体现。声音缺乏魅力，大大损伤女人美好的特质。相反，充满魅力的声音可以增加女人的自信、气质和人气，并能在关键时刻帮助女人改变命运。

好的声音像一道难以抗拒的磁场，将人们的心紧紧地牵住。如果女性朋友想要使自己的声音有吸引力、让人爱听，就要包装声音，塑造出美的声音。

一个人的声音虽然是天生的，但是并非不能改变。女人的声音是可以训练的，这跟女人的形体一样。通过平时的练习，女人可以让声音更加充满韵味。很多播音员、歌唱家的声音都是训练出来的。东方的著名女性靳羽西在刚开始当电视主持人的时候，也是通过练习，逐渐地掌握了说话的技巧。我们不需要像专业主持人那样，达到纯正、专业的普通话标准，但是需要在发声上多注意。要注意控制气息、音色、音量，言谈中只要口齿流利，就能塑造出优雅迷人的形象。 所以，如果你想要自己的声音优美动听，就需要注意以下几点。

1. 检验一下自己的音质和语调

你是否了解自己的音质、说话速度的快慢。大多数人并不太清楚，而且也从来没有想过要把检验自己的声音和说话速度当成一回事。我想应该很少有人会想到要透过录像机或者录音机来听听自己的声音，即使曾想到过，大多数人也不太愿意真正付诸行动。但是，为了提高说服能力，我们就必须了解自己各方面的状况，这其中当然包括声音在内，并且要从根本来加以改善。为此，就有必要利用录影机或录音机来检验一下自己的音质和语调。

2．咬字清楚，层次分明

俗话说："咬字千斤重，听者自动容。"说话最怕咬字不清，层次不明，这么一来，不但对方无法了解你的意思，而且会给别人带来压迫感。要纠正此缺点，最好的方法就是练习大声朗诵，久而久之就会有效果。

3．注意控制说话的音量

我们每个人说话的声音大小有其范围，声音过大，会让人感觉你是一个无礼的人、鲁莽的人。声音过小，往往会影响交流。你应该找到一种大小最为合适的声音来和别人交谈。说话的音量也应随着内容和情绪的变换而变换，时而侃侃而谈，如淙淙流水；时而慷慨激昂，似奔泻的瀑布。在不同声音段里，要有高潮、有舒缓、有喜忧，才能引人入胜，扣人心弦。

4．注意控制说话的音调

说话时，音调的高低也要妥善安排，借此引起对方的注意与兴趣。任何一次谈话，抑扬顿挫，速度的变化与音调的高低，必须像一支交响乐团一样，搭配得宜，才能成功地演奏出和谐动人的乐章。

5．说话的快慢运用得当

说话速度不要太快或太慢，应追求一种有快有慢的音乐感。在主要的词句上放慢速度以示强调，在一般的内容上稍微加快变化。无变化的声音是单调的，如同催眠曲，令人进入精神抑制状态。

总之，以声达意，以声传情，优美的音色是女人修养和气质的最好表达方式。拥有美好音色的女人，将会拥有更完美的女人气质。

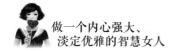
谈吐优雅，别人才会被吸引

谈吐是反映一个人的社会地位、生活、成长背景和可信度的有效工具之一。谈话的内容和技巧也能体现一个人的风度、气质。对于女性来说，良好的谈吐也是展现女性美的重要部分。谈吐不仅指言谈的内容，而且包括言谈的方式、表情、速度、声调等。女性文雅的谈吐是学问、修养、聪明、才智的流露，是魅力的来源之一。人与人交谈，既有思想的交流，又有感情上的沟通。任何语言贫乏、枯燥无味、粗俗浅薄的人，都会使人感到乏味甚至厌恶。如果女人谈吐优雅、知识丰富，又能用恰当、生动的表情、肢体语言和优美的声音来表达，将会达到意想不到的效果。

在人际交往中，我们都要通过交谈来打动别人，很多女人之所以深受人喜爱，在很大程度上归功于善于辞令。第一印象最重要，口才好的女人最容易给人留下深刻的第一印象。

世界知名化妆品品牌玫琳·凯的创始人玫琳·凯女士，在事业上创造出了卓著的成就，在生活中，她更是被人称为极具人格魅力的优雅女人。她的一言一行、一颦一笑、一举一动，都会让她身边的人感觉非常舒适、亲切和温暖。

有一次，她与朋友去逛一家服装店，恰好听到旁边两个女孩子的谈话。其中金发的女孩子试穿了一件衣服，看起来很漂亮。黑发的女孩便称赞道："这件衣服很漂亮，但还是不如刚才那件，那件的扣子很漂亮。"金发女孩听了以后有点生气地说："那是什么破衣服啊，扣子难看死了，我才不要呢！"黑发女孩也因她莫名其妙地发脾气而闷闷不乐。

　　这时，玫琳·凯走了过去，笑容满面地对金发女孩说："这件衣服的领子很漂亮，衬得你像一个高贵的公主一样，非常有气质，假如再配上一条项链，那就更加完美了。"金发女孩很高兴，因为她自己也是这样认为的。她抱怨黑发女孩没有眼光，黑发女孩嘟囔着说："我也是这样想的，只不过没有说出来罢了。"玫琳·凯轻轻地把手搭在黑发女孩的肩头上说："其实，你可以试一下那件衣服，它特别能衬托出你优美的身材。"黑发女孩笑了："是吗？我确实挺喜欢这件衣服的，但就是不知道适不适合我。"玫琳·凯肯定地点点头："不会让你失望的。当然，如果你们再稍微护理一下面部的皮肤，那么就会更显得优雅动人了。"后面的事情不言自明，通过这次购买服装的经历，两个女孩成了玫琳·凯的忠实顾客。

　　这个故事告诉我们，不凡的言谈举止，总能够吸引听众、打动别人，还会有助于你事业的成功。如果你善于辞令，再加上周到的礼节、优雅的举止，在任何场合，你都会畅通无阻、备受欢迎。

　　在生活和工作中，现代女性都十分重视增加自己的吸引力，但是大多把工夫花在了服装与美容上，却较少有人认识到，得体优美的谈吐，更能增添女性的魅力。因为服装与美容毕竟只能增加一点外在的美，而优美的语言，则完全是女性高雅脱俗的内在精神气质与修养的外露，它给人的，则是一种值得回味而悠长的美，更能深入地打动异性的心灵。无数事实证明，一个女人如果只知道化妆打扮，而不懂得如何让自己的谈吐得体优雅，就难免落个徒有其表、令人讨厌的下场。

　　其实，语言是智慧碰撞出来的火花，"天生木讷，不善言辞"只不过是人们用来搪塞的借口，是为自己语言能力的不济而找的理由。用这样的借口来搪塞的人，其理由其实是站不住脚的。如果你不刻意地加强自己这方面的修养，就不能取得长足的进步。语言能力并不是天生的，而是后天

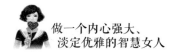
形成的，是人们在社会实践中逐渐掌握的一门技能。

对于现代女性而言，要想拥有幸福，取得成功，并非只靠漂亮的外表，更重要的是靠应情应景的语言表达。一个会说话的女人，必定能够将自己的智慧、优雅、博学和能力通过自己的口才展示在众人面前，从而使自己受到周围人的喜爱。

那么，怎样能让语言更加优美、更富有魅力呢？

1. 提高自己的学识素养和内涵

谈吐文雅得体的女人一定是有深厚的文化底蕴的女人。知识面越宽，知识层次越深，就越能体现一个人的修养与气质。很多女人在和别人谈话的时候，别人都不喜欢听，因为她缺乏生活的积累，说的都是一些缺乏深度甚至不着边际的话。因此我们平时要注意加强自己的文化修养，多读好书多学习，而且还要注意知识的不断更新，紧紧跟随时代发展的脉搏，才能提升自己的品位和内涵，使自己的谈吐尽显魅力。

2. 优雅的举止

常言道："小节之处见精神，言谈举止见文化。"一个女人优雅的谈吐、自然的举止，不是为了某种场合硬装出来的，而应是日常生活中形成的习惯，是一种长久熏陶、顺乎自然的结果。要成为一个举止优雅的女人，就要在日常交际场合中有意识地调整、训练自己的言谈举止，不断提高自己的文化素养，从而成为交际场合中的强者。

3. 不要以个人为中心

交谈时应多讲大家共同关心的热点话题，尽量少讲"我怎么样""我如何"等话题，否则，会引起对方的反感，给人以自吹自擂、骄傲自满的感觉。谈话时要尊重对方，除表现在自己讲话时要亲切、热情、真诚，要双目注视对方、专心听讲外，还表现在要让对方充分发表观点、尊重别人的意见和建议等方面。交谈时，不可以自我为中心突然打断或公然反驳、否定，甚至讽刺、嘲笑对方的谈话，而应用商讨、疑问的语气提出问题或看法。

4．语音、语调平稳柔和

一般而言，语音语调以柔言谈吐为宜。我们知道语言美是心灵美的语言表现，有善心才有善言。因此要掌握柔言谈吐，首先应加强个人的思想修养和性格锻炼，同时还要注意在遣词用句、语气语调上的一些特殊要求。比如应注意使用谦辞和敬语，忌用粗鲁污秽的词语；在句式上，应少用否定句，多用肯定句；在用词上，要注意感情色彩，多用褒义词、中性词，少用贬义词；在语气语调上，要亲切柔和，诚恳友善，不要以教训人的口吻谈话或摆出盛气凌人的架势。在交谈中，要眼神交汇，带着真诚的微笑，微笑将增加感染力。

5．谈话要看准对象

交谈不是一个人思想与情感的自我发展，而是多人合作互动的过程，因此，在交谈过程中，所谈的话要符合对象的身份要求，从称谓到措辞、从话题到语气都要尽量合乎对象的特点，做到恰如其分。

6．谈话要掌握分寸

在社交中，哪些话该说，哪些话不该说，哪些话应怎样去说才更符合人际交往的目的，这是交谈礼仪应注意的问题。一般来说，善意的、诚恳的、赞许的、礼貌的、谦让的话应该说，且应该多说。恶意的、虚伪的、贬斥的、无礼的、强迫的话语不应该说，因为这样的话语只会造成冲突，破坏关系，伤及感情。有些话虽然出自好意，但措辞用语不当，方式方法不妥，好话也可能引出坏的效果。所以语言交际必须对说的话进行有效的控制，掌握说话的分寸，才能获得好的效果。

谈吐自如是一种风度，笑对群儒是一种境界，巧舌如簧是一种能力。女人的优雅和内涵需要通过谈吐才能体现出来。因为你的才干可以从谈吐之间充分地表露出来，从而使别人更加深刻地了解你，并且因此而产生对你的好感、信任感。

总之，一个拥有好口才的女人必须要同外界接触，了解社会、了解社会中的人，知己知彼，提高自身的社会实践能力。为达到良好的交往效

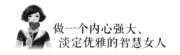
果，必须重视说话能力的培养，在生活实践中不断总结、提高自己的语言交流艺术，这是你迈向友谊之门必不可少的一步。

善于倾听的女人更有亲和力

在社会交往中，聪明的女人不仅要学会交谈，还要学会倾听。倾听是一门艺术，是尊重别人的表现，是搞好人际关系的必需条件。

大量事实证明，人际关系失败的原因，很多时候不在于你说错了什么，或是应该说什么，而是因为你听得太少，或者不注意听所致。比如，别人的话还没有说完，你就抢口强说，讲出些不得要领、不着边际的话；别人的话还没有听清，你就迫不及待地发表自己的见解和意见；对方兴致勃勃地与你说话，你却心荡魂游、目光斜视，手上还在不断拨弄这个那个，有谁愿意与这样的人在一起交谈？有谁喜欢和这样的人做朋友？

一个讲话者总希望他的听众听完他发表的意见，如果你对此漫不经心，或者毫不在乎，这就在一定程度上伤害了他的自尊心，他原来对你的好感也会顷刻间化为乌有。如果你要在沟通中赢得他人的好感，那么你首先要做到的便是用心倾听。

在人际交往中，作为尊重他人的一种表现，善于倾听的作用是非常重要的。心理学研究表明，越是善于倾听他人意见的人，与他人关系就越融洽。因为倾听本身就是褒奖对方谈话的一种方式，你能耐心倾听对方的谈话，等于告诉对方"你是一个值得我倾听你讲话的人"。 一位心理学家曾说："以同情和理解的心情倾听别人的谈话，我认为这是维系人际关系、保持友谊的最有效的方法。"

人们都喜欢善于倾听的人，倾听是使人受欢迎的基本技巧。人们被倾听的需要，远远大于倾听别人的需要。倾听是心与心的交流。一位伟人曾经说过："喜欢倾听的民族，是一个智慧的民族，不喜欢倾听的民族，永远不会进步。"善于倾听的人，会有很多朋友。

　　美国著名谈话节目主持人奥普拉·温弗丽主持的《人们正在谈话》和《奥普拉节目》，在20年中独占鳌头，奥普拉本人也成为美国电视、文艺界中年收入最高者。奥普拉只是一位四十多岁的黑人妇女，长得其貌不扬，中等身材，那么她的成功经验是什么呢？很简单，她的绝招就是"满怀兴趣和同情地倾听"每一个嘉宾、现场观众的谈话。由于奥普拉的善于倾听，使得她在观众中极有人缘，人们称她为"每一位妇女的朋友""一个好打听的邻居"。

　　倾听是人际交往中一项很重要的制胜法宝。一个在人群中滔滔不绝的人或许很容易得到大家的尊敬和钦佩，可是一个懂得倾听并善于鼓励别人的人，能更容易得到他人的好感和信任。在谈话过程中，你若耐心倾听对方谈话，等于告诉对方："你说的东西很有价值"或"你值得我结交"，等于表示你对对方有兴趣。同时，这也使对方感到他的自尊得到了满足。由此，说者对听者的感情也更进一步了，"他能理解我""他真的成了我的知己"。于是，两个人心灵的距离缩短了，只要时机成熟，两个人就会很谈得来。

　　倾听是人与人交往的一个必要前提，倾听需要专心，每个人都可以透过耐心和练习来发展这项能力。倾听是了解别人的重要途径，为了获得良好的效果，我们有必要了解一下倾听的方式。

　　1．专注认真地倾听

　　当别人对你谈话时，应该正视对方以示专注倾听，你可以通过直视的两眼、赞许的点头或手势，表示在认真地倾听，从而鼓励谈话者说下去。一个善于倾听的人，具有一种强大的感染力，他能使说话人感到自己说话

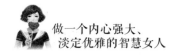
的重要性。

2．适时适度地提问或插话

适时适度地提出问题是一种倾听的方法，它能够给讲话者以鼓励，有助于双方的相互沟通。如："您说得对""应该是这样""您讲得有趣极了""是吗？""以后怎样了呢？"或采用"嗯"等副语言与讲话者相呼应。当对方要终止讲话时，而你又需要让对方继续下去，可选择对方常提出的某一地方、某一人进行问询，使对方感兴趣。这样，谈话就会继续进行。

3．通过倾听捕捉信息

倾听是捕捉信息、处理信息、反馈信息的需要。一般来说，谈话是在传递信息，听别人谈话是接受信息。一个善于倾听的人应当善于通过交谈捕捉信息。听比说快，在聆听的空隙时间里，你应思索、回味、分析对方的话，从中得到有效的信息。

4．学会察言观色

在人际交往中，很多人口中所道并非肺腑之言，他们的真实想法往往会隐藏起来，所以在听话时，你就需要注意琢磨对方话中的微妙感情，细细咀嚼品味，以便弄清其真正意图。

5．不要随便打断别人讲话

千万不要在别人没有表达完自己的意思时，随意地打断别人的话语。当别人流畅地谈话时，随便插话打岔，改变说话人的思路和话题，或者任意发表评论，都被认为是一种没有教养或不礼貌的行为。

总之，倾听是说话的一种技巧。学会倾听能正确完整地听取自己所要的信息，而且还会给人留下认真、踏实、尊重他人的印象。

女人，要学会倾听。

不要吝惜对他人的赞美

马克·吐温说过，听到一句得体的称赞，能使他陶醉两个月。在生活中，几乎每个人都希望获得赞美。当一个人受到别人真诚的赞美时，就会产生积极的心理效应，如性格会变得活泼、热情、积极、乐观，愿意与人接近等。因此，女性朋友可以利用人们的这种心理，在谈话中多赞美对方，这样就能够收到比较好的效果。

小美大学毕业后去小学做了音乐老师。在短短的实习期，她就受到了同事和学生们的欢迎和爱戴。而她自己对这份工作也是做得非常开心，有如鱼得水的感觉。原因很简单，小美懂得如何去赞美别人。连她自己都承认自己是一个喜欢给别人"戴高帽"的女孩，收到高帽的同事们都说："小美，和你在一起真好！所有的人都会在你那儿找到自信。"听了这些话，小美心里喜滋滋的，觉得能成为别人的力量源泉自己也非常高兴。她开心地说："赞美使我更自信，所以我也习惯了尽可能多地去赞美他人。"

小美因为心地善良、嘴巴甜而受到了学校的一片赞扬之声。只是除了一个人之外，那就是跟小美同期入学做老师的琳达。琳达长得比小美漂亮，毕业学校比小美好，而且多才多艺，唱歌跳舞、书法绘画没有一样难倒她。只是她没有小美受欢迎。这让琳达心里很愤愤，在她看来小美靠一张嘴来博取大家的喜爱实在是虚伪得可以。于是，她对小美的敌意也越来越明显，不管小美做什么，琳达都看不顺眼，甚至对小美冷言冷语。同事们很为小美抱不平，当着小美说琳达做人太

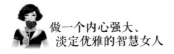
傲慢，小美不能太好脾气，这样容易受人欺负。小美总是不在意地笑笑，并且经常说琳达其实说得很对。除了尽量避免和琳达冲突之外，小美还经常在私下里跟同事夸奖琳达，说琳达又漂亮又能干，自己要是有她一半好就好了。

在一次先进教师的评比中，小美得知自己被评为先进，就主动找到校长，表示应该把奖励给琳达，因为琳达才是新老师中成绩最好的。小美私下对琳达的这些赞美传到了琳达的耳朵里，这让琳达觉得很惭愧。在后来的日子里，琳达主动向小美抛出橄榄枝，两人成了无话不谈的好朋友。赞美又为小美赢得了一个这么优秀的死党，小美真的觉得值了！

赞美之所以对人的行为能产生深刻影响，是因为它满足了人的自尊心的需要。赞美是对个人自我行为的反馈，它能给人带来满意和愉快的情绪，给人以鼓励和信心，让人保持这种行为，继续努力。赞美也是一种有效的激励，可以激发和保持一个人行动的主动性和积极性。

莎士比亚曾经这样说过："赞美是照在人心灵上的阳光。没有阳光，我们就不能生长。"赞美作为一种与他人社交的技巧，具有神奇的魔力，它不但可以消除人际间的龃龉和怨恨，满足人的虚荣心，还可以轻易说服对方接受你的观点，有时甚至足以改变一个人的一生。

有一次，业务部门接了新加坡一家公司的上亿元的大单子，张美心想如果这个单子谈成了，那么这个月就会超额完成任务。可是谈判的过程是非常艰难的，对方的负责人刘总监提出很多要求，而且还百般刁难。这让负责洽谈的人感觉非常棘手，一时想不到更好的解决方法，就这样陷入了僵局。

张美作为业务部的总监压力颇大，决定自己亲自出马。3天后的一个晚上，张美和公司老总一同约请刘总监一行共赴晚宴。席间大家相谈甚欢，彼此抱怨在商场打拼得不易，都没有提到那个单子的事情。晚宴结束后，饭店经理进来拿个很大的签名簿和软笔，说请大家留言题字，多给饭店提些宝贵的意见。刘总监大笔一挥，留下几行潇洒飘逸的书法，让随行的人不由地鼓起掌来。张美紧接着说："没想到刘总监能写出这么漂亮的书法，真是让人钦佩啊！不知道您是拜在哪个书法大师的门下学习的？"此时，刘总监虽然表面上不动声色，但是内心里已经是如糖似蜜了。"我哪拜什么书法大师啊，就是自己喜欢书法艺术罢了，工作之余也就是喜欢写几个字，怡然自乐坚持了10多年了，张美女士过奖了！"大家在欢乐的气氛中分手了。

第二天，张美就接到刘总监的电话，很是客气地告诉她这个单子他们做，其他的要求就不提了。

赞美之于人心，如阳光之于万物。在我们的生活中，人人需要赞美，人人喜欢赞美，这不是虚荣心的表现，而是渴求上进，寻求理解、支持与鼓励的表现。父母经常赞美孩子，家庭气氛和睦、欢乐，领导经常赞美下级，职工的积极性、创造性不断被激发、被调动。爱听赞美是出于人的自尊需要，是一种正常的心理需要。经常听到真诚的赞美，明白自身的价值获得了社会的肯定，有助于增强自尊心、自信心。

有的人吝惜赞美，很难赏赐别人一句赞美的话，他们不懂得，多正面引导，多表扬鼓励，是沟通的一种方式。予人以真诚的赞美，体现了对人的尊重、期望与信任，并有助于增进彼此间的了解和友谊，是协调人际关系的好方法。人人皆有可赞美之处，只不过长处、优点有大有小、有多有少、有隐有显罢了。只要你细心，就随时能发现别人身上可赞美的闪光点。

一句赞美的话能给人带来愉悦的心情，这是一件很值得高兴的事。赞美不等于拍马屁，赞美是一门艺术，要想满足人们对于赞美的渴望，我们需要把握下面几个要点：

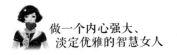
1．赞美具体化

人都有自动把局部夸大为整体的趋势，因此，我们赞美的时候只要从某个局部、某件具体的事情入手就可以了，而且局部、具体的赞美会显得更真诚、更可信。比如某人工作出色，那么表扬的时候也要指向具体的事情，"小张在××事上表现出色"，而不是泛泛而谈。

2．赞美要恰如其分

恰如其分就是避免空泛、含混、夸大，而要具体、确切。赞美不一定非是一件大事不可，即使是别人一个很小的优点或长处，只要能给予恰如其分的赞美，同样能收到好的效果。

3．因人而异

人的素质有高低之分，年龄有长幼之别，因人而异。突出个性、有特点的赞美比一般化的赞美能收到更好的效果。老年人总希望别人不忘记他"想当年"的业绩与雄风，同其交谈时，可多称赞他引以为豪的过去；对年轻人不妨语气稍微夸张地赞扬他的创造才能和开拓精神，并举出几点实例证明他的确前程似锦；对于经商的人，可称赞他头脑灵活、生财有道；对于有地位的干部，可称赞他为国为民、廉洁清正；对于知识分子，可称赞他知识渊博、宁静淡泊……当然这一切要依据事实，切不可虚夸。

4．学会背后赞美别人

背后的赞美，体现了一种对他人的真正的尊重，对自己也是一种收获。当你想要亲近的人在场时，虽然会想在其本人面前夸奖说："你好棒啊！真了不起！"但由于这是人人都会说的赞美的话，效果不会理想。但如果在对方背后说出赞美之词，效果会更好。比方说，如果你对王小姐的工作表现极为佩服，可以在见到她的同事时表示："王小姐的工作能力真强啊！"如此一来，这种赞美便会以另一种方式传到王小姐耳中，王小姐也会很高兴，对你很有好感。

总之，在生活中，如果你乐意而且懂得衷心地表扬他人，那么你就能够更好地激励周围的人，从而增进双方的关系，拉近彼此的距离。

"软语"比"直言"更动听

有一则笑话是这样说的：

有一位长得略胖的妇人一进服装店，售货小姐就对她说："大娘，你太肥了，我们没有您可以穿的衣服。"

这位太太正想反驳，小姐又加了一句："其实老了还是胖一点好。"

这位妇人气得不知如何发作才好，此时老板娘从后面走出来，这位太太马上告状："我今天是招谁惹谁了，怎么才进店，就被你们店员说我又胖又老。"

老板娘很不好意思地赶紧赔不是，却是二度伤害，因为她说："我们这店员是从乡下来的，特别不会说话，但说的都是真话。"

通常，说话直来直往的人说自己是说真话没有坏意，繁华落尽见真淳。然而这种直来直去的真话确实有点"毒"，太容易伤人。

在日常生活中，有些女人说话直来直去，心里有什么就说什么，完全不顾对方的反应，不分时间地点，只管自己痛快。有时，得罪了别人，自己还不知道。这种女人虽然直率、可爱，但也显得可怜。

英国思想家培根说过："交流时的含蓄与得体，比口若悬河更可贵。"直爽的女人虽然坦率、真诚，但缺少了点韵味和风情。女人学会了委婉，才是有女人味的女人。

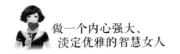
　　一位干部到广州出差，在街头小货摊上买了几件衣服，付款时发现刚刚还在身上的100多元外汇券不见了。货摊只有他和姑娘两人，明知与姑娘有关，但他没有抓住把柄。当他向姑娘提及此事时，姑娘翻脸说他诬陷人。

　　在这种情况下，这位干部没有和她来硬的，而是压低声音，悄悄地说："姑娘，我一下子照顾了你五六十元的生意，你怎么能这样对待我呢？你在这个热闹街道摆摊，一个月收入几百上千，我想你绝对看不上那几张外汇券的。再说，你们做生意的，信誉要紧啊！"

　　他见姑娘似有所动，又恳求道："人家托我买东西，好不容易换来百把块外汇券，丢了我真没法交代，你就替我仔细找找吧，或许忙乱中混到衣服里去了。我知道，你们个体户还是能体谅人的。"

　　姑娘终于被说动了，她就坡下驴，在衣服堆里找出了外汇券，不好意思地交还给他。

　　上述案例中，这位干部的一番至情至理的说辞，不但使钱失而复得，而且还可能挽救了一个几乎沦为小偷的青年。

　　委婉是一种既温和婉转又能清晰地表达思想的谈话艺术。它的显著特点是"言在此而意在彼"，能够诱导对方去领会你的话，去寻找那言外之意。从心理学的角度来看，委婉含蓄的话不论是提出自己的看法还是向对方劝说，都能比较适应对方心理上的自尊感，使对方容易赞同、接受你的说法。

　　委婉是一种修辞手法，即在讲话时不直陈本意，而是用委婉之词加以烘托或暗示，让人思而得之，而且越揣摩，似乎含义越深、越多，因而也就越有吸引力和感染力。一个女人如果能运用适当的语言表达手段，不仅能在社交中树立起谦逊成熟的形象和良好的修养，还有利于彼此的交流和交往目的的达成。

第八章　内外兼修，
优雅要从内而外散发魅力

"书女"比"淑女"更有吸引力

每个女人都渴望美貌，但纵使美若天仙，也经不起岁月的磨砺，而优雅的女人，纵然鬓发如雪，依然散发着十足魅力。想要这种魅力，读书是一种无可替代的方式。腹有诗书的女人，好比一坛尘封已久的女儿红，启开后，香气扑面而来，令人迷醉。有些事情人是无能为力的，比如外貌。如果你没有秀美的面容，你可以让自己在文化中得到美丽。经典的书籍能让你洞察世事的通透。你的文化修养会使你与众不同，在你的身上呈现出一种高雅，一种气质，一种"可远观而不可亵玩"的清冽。悦目的假花虽然艳丽，却是不能深刻体会的，是肤浅的。真正芳香的花，即使花朵不是美丽的，却韵味无穷。

2004年10月，被评为"中国企业十大新闻"的"江苏投资联盟"受到众人关注，在西装革履的男人世界里有一个鲜亮的女性身姿特别引人注目。她温婉明媚的笑容、优雅贤淑的气质令人神往，很快成了江苏商界的焦点人物。她就是江苏省人大代表、江苏利安达服装集团有限公司董事长、江阴市政协副主席、江阴市工商联会长黄丽泰。她以认真和执着，创造了一番令人羡慕的事业，当之无愧地被冠以"中国杰出创业女性""江苏省十大女杰""江苏省十大优秀民营女企业家"的头衔。

"以我个人看，人生要读四本书。中国的四大古典文学名著，亦即人生的四种境界。人生的初期阶段，要读《水浒传》，要有梁山好汉的拼搏精神，年轻的时候，没有点激情和勇气是不行的，对于我

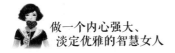

来说，《水浒传》已经读完了；《三国演义》是一本讲述举荐人才、谋篇布局的旷世奇作，它告诉我们，没有人才，企业的发展就无从谈起，因此这本书，我仍在读并将一直读下去；《红楼梦》是大家庭人财物管理、分配的书，这本书我每次捧起都是常读常新；《西游记》是取经的故事，对于我来讲，一直在取经的路上，向中国的优秀企业取经，向日本美国的先进管理经验取经……"黄丽泰不失幽默地用四本书表达经商13年来的经验体会。

黄丽泰以她的温婉、贤淑和智慧，游刃有余地在多种角色中不断展现着她的身姿。

正是因为有书的浸染，才有温润、雅致的女人。读书的女人浑身洋溢着书卷气息，言谈举止无不流露涵养聪慧，一颦一笑无不渗透清新典雅。即使她衣着简朴，素面朝天，但无论站在哪里，都是一道美丽的风景。一个优雅的女人必定是一个善读书之人，心境恬淡，淡定平和。优雅的生命源于高贵的灵魂，高贵的灵魂源于广博的书籍。书卷多情似故人，晨昏忧乐每相亲。眼前直下三千字，胸次全无一点尘。读书破万卷的女人，才能心无挂碍，思无羁绊，心态平和，可以静听潮起潮落、坐观云卷云舒。

大家都知道传说中的埃及艳后克丽奥佩特拉是一位"旷世的性感妖妇"，在后人的记述里，这位埃及绝世佳人凭借其倾国倾城的姿色，不但暂时保全了一个王朝，而且使强大的罗马帝国的君王拜倒在其石榴裙下，心甘情愿地为其效劳卖命。

其实克丽奥佩特拉不过是个长相一般，脸上轮廓分明，看起来较为严厉的女人。她的个头矮小短粗，身高只有1.5米，身材明显偏胖。她的衣着也相当朴素，甚至脖子上有很明显的赘肉，牙齿也长得毫无美感。但是，克丽奥佩特拉不是靠美色而是靠卓越的思想和学识征服人心的。她在阿拉伯是备受尊崇的大学问家，她对炼金术、哲学以至数学和城市规划无一不晓。她精通多种语言，她的第一语言是希腊语，同时也会说拉丁语、希伯来语、亚拉姆语和埃及语。她还写过好几本关于科学的书。中世纪的阿拉伯学者从未提及这位埃及艳后多么美丽，只是将她称作"善良的学者"。

　　一个女人，拥有了美貌，会平添更多的自信，人生路走起来更顺畅；而一个女人若拥有了学识，便为人生目标的实现奠定了基石。女人的味道，不仅仅在于外表，更在于内在的修养，这样的味道是种不言而喻的美。

　　读书可以增添女人的智慧，可以使女人更有品位，也就是可以使女人展现一种智慧的美丽。就像在生活中，爱读书的女人，不管走到哪里都是一道风景。她也许貌不惊人，但她的骨子里却透出来一种天然的美丽。她们谈吐不俗，仪态大方，在任何场合都令人瞩目。爱读书的女人，她的美，不是鲜花，不是美酒，她只是一杯散发着幽幽香气的淡淡清茶，透出一个女人的智慧，一个女人的品位。

　　法国当代著名作家和戏剧家弗朗索瓦·萨冈，曾满怀感激之情地回顾加缪《反抗的人》一书对她的影响。在14岁时，萨冈目睹了一个与自己年龄相仿的小女孩的夭亡。她无法原谅上帝竟允许这件事的发生，因而不再信仰上帝，陷入可怕的精神危机之中。恰在这时，她读到了阿尔贝·加缪的《反抗的人》，由此发现了一个新的精神世界：尽管没有上帝了，但是还有"人"，你不用信仰上帝，却必须信仰你自己，相信人类的天性，相信人类能够主宰自己的命运。她热切地走进这个崭新的精神世界，重新建立起自己的信仰。她由此意识到文学的神圣意义与崇高使命，并在日后坚定地选择了文学创作之路，决心以此帮助那些在人生旅途中迷惘、焦虑的人们，帮助他们飞越精神的荒原与樊篱。

　　书籍是人类智慧的结晶，不管你现在的生活状态如何，读书都是提升你魅力指数的必要路径。读书，特别是阅读那些出自大师之手的书籍，

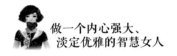
就是一次与大师的对话，与智者的交流，即便你不能完全理解，也是一次难得的精神之旅，一定会在什么时候，在那个你自己也不曾注意的一瞬间，就表现出来了。大部分的书读起来不轻松，你也许会因为厌烦而想要止步，但是你一定要继续读下去。那些经过岁月淘洗而依然被视为经典的著作是所有希望自己有魅力的女人都必须要接触的，即便不能一下子达到大师的境界，但我们都会有自己的理解，这就已经是一笔不可轻视的财富了。智慧、灵气、锐气，就在这一次次的阅读中自然获得了，胜过不少空洞的追求。

著名作家王玉君说："世界有十分色彩，如果没有女人，世界将失去七分色彩；如果没有读书的女人，色彩将失去七分的内蕴。爱读书的女人美得别致，她不是鲜花，不是美酒，她只是一杯散发着幽幽香气的淡淡清茶。"所以，女性们，在繁忙的工作之余，请摊开一本喜欢的书吧，全神贯注地投入，从金钱、物质等世俗的欲望中解脱出来，以书怡性，以书怡情，这样你会更优雅。

女人要好读书，更要读好书

曾国藩对儿子说："人之气质，由于天生，本难改变，读书则可变化气质，古之精相法者，并言读书可以变换骨相。"由此可见，读书不仅能使人获取知识，还能提升人的精神境界。尤其是经常读书，日积月累就会使人脱离低级趣味，养成高雅、脱俗的气质。

一个女人的气质、智慧和修养是和读书分不开的。岁月会为读书的女人带来皱纹，却夺不去她的睿智和善良；岁月会为读书的女人带来白发，却带不走她内在的魅力和修养。在逐渐老去的人生旅途上，读书的女人会走得更加从容、更加美丽。

爱读书的女人，不管走到哪里都是一道美丽的风景。她可能貌不惊人，但她有一种内在的气质：幽雅的谈吐超凡脱俗，清丽的仪态无须修饰，静得凝重，动得优雅。

书籍是人类的精神财富，更是女人的最佳美容品。读书带给女人思考，带给女人聪明；读书会使女人空荡荡的漂亮大眼睛里充满丰富的层次和缤纷的色彩；读书教会女人在该笑的时候笑，在该忧伤的时候忧伤；读书还使女人明白自身的价值、家庭的含义，明白女人真正的美丽在哪里。

罗曼·罗兰如是劝导女人："多读些书吧，读些好书，知识是唯一的美容佳品，书是女人气质的时装。书会让女人保持永恒的美丽。"选择阅读的书籍，就如同选择情人，要适合自己才可以。你对哪一类书籍感兴趣，你是什么样的身份，地位如何，年龄处于哪个阶段，都是与书籍"谈情说爱"的重要因素。

如果你爱好文学，钟情于文字，想增强自身的文学素养，使自己的言谈更加富有学识，不妨选择《红楼梦》《源氏物语》《飘》《撒哈拉的故事》《围城》《简·爱》《傅雷家书》《金锁记》《傲慢与偏见》等。这些名著都经过了岁月的洗礼，是人类语言文学的精华。读这类书就如同品茶，需要静下心细细品读。腹有诗书气自华，在凝神屏气阅读的同时，你的气质也在渐渐显现。

如果你骨子里是个浪漫的女人，想陶冶自己的情操，领略不同的美感，那大可以选读诸如《守望的距离》《随想录》《叶芝抒情诗全集》《李清照诗词评注》《美学散步》《人与永恒》《草叶集》《音乐疗伤》等。这些书不但可以增加你的文艺气息，也能增加你对旋律之美感的把握，你的心灵也将在这纯粹的美中得以升华。

如果你在生活中受到了某种伤害，想要寻求心灵安慰，不妨靠近这些温柔的情人：《时间草原》《一个女人的成熟》《爱过不必伤了心》《小王子》《绿野仙踪》《格列佛游记》《安徒生童话故事集》《比如女人》

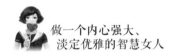
《铁凝日记》《二道茶》等。它们就像神奇的安神丸，能在不知不觉中抚慰你的伤痛，让你对生活重新燃起希望和充满美好憧憬。

如果你是个不太爱幻想，只关注生活本身的女人，那么大可以看看《女性个人色彩诊断》《卡尔·威特的教育》《女人个人款式风格诊断》《女子与小人》《中国自助游》《懒女孩的健康指南》《女为己容》《私奔万水千山》等。这些实在的情人如同家政主管或私家营养师，手把手教给你一些实用的生活知识，使你在生活中更加游刃有余。

如果你是个有梦想、有目标，并愿意为之努力奋斗开创一份属于自己事业的女人，那么你应该去读《居里夫人》《女人自信12课》《女人的资本》《写给女人》《宋氏三姐妹》《假如给我三天光明》《都市丽人》《我的非正常生活》《不规则女人》等励志书籍。它们将为你插上梦想的翅膀，不仅给你信心和勇气，还会帮助你认识自己，定位自己，寻找适合自己的事业。

如果你是个喜欢哲理、注重思想的女人，可以选择《存在与虚无》《第二性》《苏菲的世界》《理想国》《浮士德》《林徽因文集》《王小波文集》《昆虫记》等。让这些哲理性很强的"情人"，带给你新的启示，挖掘你思想的闪光点。

总之，如果你想提高自己的修养，让自己变得更加美丽智慧，那么抽点时间去选几本适合自己的书吧。

坚持学习，才能终生美丽

女人选择做生活的强者，当然不是单凭一句话就可以做到的，还得从各方面去充实自己。其中最重要的一面，就是要用知识丰富自己，为做强者提供足够的内存空间。女人若想成就一番事业，就必须把自己当作蓄电池，要不断给自己充电，边工作，边学习，不断充实新知识、掌握新技能、了解新信息。只有具备真才实学和专长，才能为自己的成功事业不断增加砝码。

如今在武汉一家民营企业任高管的孙眉，用她的智慧书写了一个职场传奇。

1997年，25岁的孙眉就已执掌帅印，任一家物流公司的副经理。尽管当时的年薪已有四五万元，但孙眉并没有满足。已拥有双学位的她又读了工商管理硕士，为自己充电。

2000年，孙眉把目光转向了海外。在别人看来，她当时工资收入高，工作环境好，已经很让人羡慕，但她还是毅然辞职，赴德国留学。四年边打工边读书的留学生涯，既锻炼了她的工作能力，又让她的管理理念得到了迅速提升。

2005年年初，孙眉从德国学成归来。刚回国时，上海一家德资公司有意请她去做企业管理咨询，开出的年薪是60万元。考虑到做这份工作要经常出差等因素，孙眉没有立即同意。

就在她迟疑的时候，武汉一家民营房地产公司的老板向她抛出了

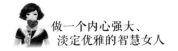
橄榄枝。该公司前景不错，业务还在不断发展，急需具有战略规划能力的高端人才加盟。老板给孙眉开出了令人心动的价码：任公司执行董事，配专车一辆，赠别墅一栋，安家费一次性支付100万元，每月津贴1万元，持公司一定的股份，年终有分红。就这样，孙眉开始了她新的职场生涯。

从留学前的年薪四五万元到现在的待遇，孙眉的身价飙升了数十倍。这就是她不断给自己充电所带来的好处。给自己充电，还能极大地开阔你的视野，使你接触到多元文化。

现今的生活瞬息万变，尤其是科学技术日新月异，如果不学习，很快就会落伍。无论在何时何地，每一个现代人都不要忘记给自己充电。只有那些随时充实自己、用学习来武装自己的头脑、充实自己的生活、为自己奠定雄厚基础的人，才能在激烈的竞争环境中生存下去。

许多女人以为，学习只是青少年时期的首要任务，只有学校才是学习的场所，自己已是成年人，并且早已步入社会，因此觉得没有必要再学习新知识，除非为了取得文凭。这种想法乍一看，似乎很有道理，其实是不对的。在学校里自然要学习，难道走出校门就不必再学习了吗？学校里学的那些东西，就已经够用了吗？错了！千万别把学习的定义局限在课堂上老师的传授与教科书中的知识上。

其实，学校里学的东西是十分有限的。工作和生活中需要的多数知识和技能课本中并没有说明，老师更没机会教导我们，这些东西完全要靠我们自己在日常生活、工作中边学习、边摸索才能得到。所以，如果我们不继续学习，我们就无法取得生活和工作需要的知识，无法使自己适应急剧变化的21世纪，我们不仅不能做好本职工作，反而有被时代淘汰的危险。

知无涯，学无境。学习是没有终点的。在现实生活中，无论是在哪个年龄阶段，在哪种环境里，人们都应继续学习，人生是不会毕业的。

世界每天都在变化，新的事物、新的技术都在不断地涌现，想要取得成功的女人就应该懂得不断充实自己，掌握新的知识，淘汰旧的知识，以此来捕捉这些变化，跟随这些变化。满足于现状、停留在原地不动的女人，总有一天会被这个时代抛弃。只有那种好学上进的女人，才会从一个成功迈向另一个成功。

优雅女人要有智慧资本

女人可以不美丽，但不能没有智慧，智慧能重塑美丽，唯有智慧能使美丽长存，智慧能使美丽有质的内涵。人的追求不完全来自外貌，它主要来自人的内在力量。漂亮自然值得庆幸，但并不代表就有魅力，有气质。

曾有这样一则童话：

遥远的国度，有两位公主，同样举止优雅，集众多宠爱于一身。姐姐如美神化身，沉鱼落雁不在话下，只是知识贫乏，话语笨拙；妹妹俨然思维敏捷，聪慧伶俐，却自小容貌与姐姐相去甚远。某日与邻国王子举办舞会，姐妹携手亮相，只见众多男宾急急地将姐姐围得水泄不通，却毫无顾忌将妹妹冷落。妹妹淡淡一笑，数小时后，所有男宾均为妹妹优雅的谈吐及其博学的口才所倾倒，最后，受冷落的竟是姐姐。

其实，姐姐就好像是一座漂亮的房子，外表装潢精美豪华，里面的装修却如棚舍，相处之后，让人再无兴趣继续下去；而妹妹却如一汪甘泉，

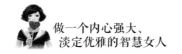
看时虽无惊喜，品时却让人回味无穷。

自古以来，爱美是女人的天性，但是要做一个优雅的女人，更要认识到，拥有智慧才是真正的美，才是人生永不褪色的魅力。一个外表漂亮的女人经不起时间的打磨，她的外在光泽会日渐褪去，然而智慧的女人即使不怎么漂亮，也会犹如钻石一样闪烁着光芒，越久越添光彩。其实现实生活中，我们都有过这样的感受：与一些博学但并不漂亮的女人相处，接触久了，会发现她们越看越漂亮，怎么看怎么舒服，会常常被她们的智慧所折服，被她们的优雅所倾倒。

女性的智慧之美，胜过容颜，因为心智不衰，它超越青春，因而智慧永驻。"石韫玉而山晖，水怀珠而川媚。"古人陆机这样品评智慧之美。

女皇武则天，作为一个弱女子在当时那种社会环境中，竟能登上中国最高的权力宝座，堪称奇迹。这和她无与伦比的智谋及高超的做人艺术是分不开的。

在唐太宗病重欲将武则天赐死之时，太宗问武则天："你忠我朝侍奉我，我不忍心将你丢下，我归天之后，你该如何打算呢？"

武则天听后，打了一个寒战，但她很快便镇静下来，对太宗说：

"我蒙皇上恩宠，本该以死来报答皇上的恩德。但是您身体肯定会痊愈，所以我不敢马上去死，情愿削发为尼，为万岁祈祷借以报答圣上隆恩！"因为在当时只有出家才能自我保全。太宗想：我本想将她赐死，可又不忍心。她既然愿意削发为尼，也未尝不可，世上并没有尼姑当权的，于是便诏示武则天削发为尼。

如果不是武则天当时机智的回答保住了性命，何谈以后的重归皇宫？后来她寻找机会见到高宗李治，成功地利用了王皇后和萧淑妃的矛盾重返后宫。

在她做大周皇帝时，同朝担任宰相的狄仁杰和娄师德面和心不和。

自己倚重的两个大臣不和，这对社稷安全是大为不利的。武则天利用智慧，不动声色地巧妙化解了狄仁杰与娄师德之间的恩怨。

武则天召见狄仁杰，在议完朝事之后突然问他："我信任并提拔你，你可知道其中原因？"狄仁杰答道："我凭文才和品德受朝廷重用，不是平庸之辈，更不靠别人来成就自己的事业。"武则天沉思了一会儿，随后命侍卫取出一个竹箱，找出约十件奏本赐给了狄仁杰。狄仁杰仔细地看完奏本，不由得满脸惭愧。原来，自己一直在想方设法排斥娄师德，甚至想把他赶出京城，没想到娄师德却一直在皇上面前举荐自己。

从此，狄仁杰抛弃了对娄师德的成见，二人齐心协力共同辅佐武则天，将朝政治理得井井有条。

古人云："秀外而慧中。"智慧是优雅不可缺少的成分，智慧在一点点地雕琢着每个人，塑造每个人。智慧使女人能更好地把握好自己，并获得从容自信，最后全身散透出超然的洞明的气质，从人群中脱颖而出。有智慧的女人大多数都知书达理、处事冷静，在为人处世上就会显得从容、得体；有智慧的女人可能貌不惊人，但是她的内在智慧使她的谈吐超凡脱俗，使她的生活丰富充实，同时也提高了她的人生境界。这种具有内在智慧的女人并不是鲜花也不是美酒，只是一杯散发着幽幽香气的清茶，即使不施脂粉也显得潇洒自如、秀色可餐。

美貌，对女人固然重要，但是智慧对女人更为重要，有智慧的女人也一定是最美丽的。智慧并不是天生的，它与一个人后天的修养有关，女人完全可以通过后天的学习，成为一个智慧型的女性。

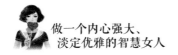
做个优雅如花的女人

德国著名诗人歌德曾经说过这样一句话："外貌只能炫耀一时，真美方能百世不殒。"什么才是真美呢？我们时常可以看到有些女人看起来貌不惊人，语不压众，但只要和她们稍稍接触就如沐春风，让人不由自主就被她们吸引。这样的女人就是真正美丽的女人，而这种美就源自于她们的优雅。

什么是优雅？优雅即优美、高雅，优雅的女人自然应该是举止优美、行为高雅、仪态万方的女人。这样的女人有一种独特的美，它是一种被赋予了思想的内涵美。

优雅是一种内在的气质，是因生活阅历的积淀，是举手投足间不经意流露出来的成熟气息，是由内而外散发的一种知性的美，它来自于后天的学习和积累；优雅，源于丰厚的学识、深刻的思想，它不是矫揉造作，不是金钱、时装、化妆品的积累。

优雅也许是一个迷人的微笑，一句贴心的话语，一个扶助的动作，一个相知的眼神；优雅也许是一种对生活的自信，一种积极乐观的满足，一种从容镇定的安详，一种谦逊善良的美德。优雅是一种境界、一种思想、一种风度、一种气节、一种无以模仿的神态。

两个女人一起来到了一家公司。她们毕业于同一所学校，能力也不相上下。区别只在于第一个女人非常漂亮，而第二个女人则长相一般。

第八章　内外兼修，优雅要从内而外散发魅力

　　漂亮的女人性格外向，语言表达能力强，很快就得到了主管的位置。

　　平凡的女人性格随和，做事踏实稳健，是个非常别致的女人。

　　漂亮的女人个性张扬，喜欢用最新潮的时装打扮自己，做最时髦的发型，说最流行的网络语言，不过，工作能力还算可以。

　　平凡的女人则个性内敛，用最简单的职业装装饰自己，用平静的语调修饰自己的语言。她不会过于出风头，但懂得适时表现自己。她不会跟时髦、过分夸张，但懂得表现自己的特色，有自己独特的品位，工作业绩也不错。

　　两年后，漂亮的女人做了经理夫人，过上了安稳的日子，有钱有车，珠光宝气，漂亮得迷人。而平凡的女人则去了更大的一家公司，拥有更高的职位和薪水。

　　十年后，不算漂亮的女人收购了一家公司，她还是那样优雅别致，自己做着董事长兼总经理，效益也不错。而漂亮的女人，则因过度消耗精力于麻将、逛街等事情上，皱纹过早地爬上了眼角。当她们再相聚的时候，都很为对方的变化诧异，有人评论说：那个平凡的女人看起来更漂亮一点。

　　原来，岁月可以让一些女人的美丽消失，也可以让一些女人变得更美。优雅别致的女人像一幅难以描摹的画，它是一种独特的气质和风度。

　　优雅是一种姿态，表现在举手投足之间，更是一种心态，一种源于内心的对生活的满足与感激。人都会变老，但智慧、优雅、善良、宽容、感激……能使女人的心灵不老。懂得了这个道理的女人即使人老，心却不会老；即使变老，却不会变丑，而是从容地优雅地慢慢老去。

　　一个女人可以有华服装扮的魅力，可以有姿容美丽的魅力，也可以有仪态万千的魅力，却不一定优雅。但是，一个优雅的女人，必然富有迷人

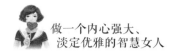
的持久的魅力，就像拥有磁石的吸力，能将别人的目光不离须臾地套牢。这样的女人即使鬓发苍苍，也会有种不能言说、令人心动的韵味。

世上最倾倒众生的不是女人青春的美丽，而是如清风明月一样飘逸、如清水芙蓉一样优雅的风度，这样的女人最有吸引力。她们优雅的风度像无形的精灵，悄悄潜入人们的心灵，即使她在不起眼的地方悄无声息地站立，人们也还是会感受到她的一个眼神、一句话语、一个动作、一抹微笑散发出的优雅。

法国时尚名人热纳维耶芙·安东丽·德阿里奥说过的一句话："优雅是一种和谐，非常类似于美丽，只不过美丽是上天的恩赐，而优雅是艺术的产物。一个真正优雅的女人就算只是静坐不语，那种超然与随意已足以让众人的视线停驻。"的确，长得漂亮不等于气质优雅，仅凭服饰、化妆品等堆砌出来的女人，注定不会拥有夺人的优雅气质。

做一个内心高贵的女人

这个世界漂亮女人很多，聪明女人也不少，但高贵女人却不是随处可见。在这个浮夸的世界，女人要做到外表高贵确实不难，但要做一个灵魂圣洁、内心高贵的女人却不易。

女人的高贵并非指的是一定要出身豪门或者本身所处的地位如何显赫，这里的高贵是指心态上的高贵。

女性的高贵，是爱心、善良、宽容的心境反映到容貌仪态之上，封锁不住的光芒四射、魅力迫人。我们看到：美丽的女人只能迷住几个人，而高贵的女人却能慑服每一个人的心。

第八章 内外兼修，优雅要从内而外散发魅力

有这样一个小故事：

有一只孔雀常为自己有一身美丽的羽毛而得意，她认为自己可与人类的皇后媲美。遗憾的是鸟类中几乎没有谁把她当成高贵的皇后来看待。

一天，一只鹤刚好路过孔雀身边。

"喂，你就不能停下脚步来看我一眼吗？"正在开屏的孔雀喊住了步履匆匆的鹤。

"对不起，我还有很多事等着要做，没时间欣赏你的羽毛。"鹤边说边继续往前走。

孔雀却拦住了鹤的去路，并嘲笑它，讥讽他灰白色的羽毛，说："我的衣饰像个皇后，不仅有金色还有紫色，还具有彩虹所有的色彩，而你呢，你的翅膀上连一点点彩色也没有。"

鹤说："你讲得一点都不错，但是我一飞冲天，声音闻于星空，而你却只能在地下，像鸡一样，在满是粪堆的家禽之间来回闲逛。记住，高贵来自内心，不是你那漂亮的外表。"

的确，高贵来自于内在心灵而不是外表、衣饰。高贵是内在气质的自然表现，它不需要任何装饰来加以衬托。

生活中，我们可以看到很多外表高贵的女人，她们穿金戴银，出入高档场所，眼光目不斜视，一副高高在上的形象。但一张嘴说话，就让她们原形毕露了，她们的浅薄、无知、低俗，真的无法跟她们的外表匹配，其实她们高贵的只有她们的外表，她们的内心是空虚、寂寞的，别看她们外表是那么富有，但精神上是最贫穷的，是精神上的可怜虫！

众所周知，富与贵不是一回事儿。富是物质的，贵是精神的。古往今来，那些真正高贵的人，他们的外表往往是本质的、朴素的。真正的高

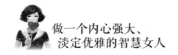
贵之气，不是一件精于剪裁的皮草或一件年代久远的古董，不是位高权重的地位或沾亲带故的所谓显赫家世，也不是那种目下无尘的倨傲行为及风度，而是一颗对自己、对他人都无比真诚的心。

　　诺贝尔和平奖得主特蕾莎修女是一个拥有高贵品质的精神贵族。她出生在塞尔维亚一个富有的家庭中，从小她就开始思索人生，12岁时感悟到自己的天职是帮助穷人。17岁时，她决定到爱尔兰的劳莱德修女院学习。1937年，特蕾莎完成了修会的训练，正式宣誓成为修女，并被指派到隶属加尔各答的圣玛丽亚女校中担任校长，该校是个贵族学校，学生皆来自孟加拉的上流阶层。

　　然而，特蕾莎并不想让自己停留在圣玛丽亚女校。当地的士绅把孩子送入这个学校，期望她们在学校能接受最好的教育。然而，在加尔各答圣玛丽亚女校的墙外却布满了脏乱、污秽的贫民窟。特蕾莎看见这贫民窟与贵族学校的对比，她心中深深自责。她知道，贫民窟才是她要去的地方。她要进入最穷苦的人群当中。于是，她脱下了道袍和鞋袜，穿上印度妇女的白色纱丽，打着赤脚，走出环境舒适的修道院，来到大街上，和穷人一起生活，靠乞讨和捡垃圾帮助穷人。

　　她的行为遭到一些传教士的反对，他们认为她损害了教会的形象和尊严。但是，她没有退缩，还进一步提出了成立仁爱传教修女会的设想。经过反复争取，她的申请于1950年得到了罗马教廷的批准。她的追随者越来越多，名声也越来越大。这时她又遭到一些印度"爱国者"的抗议，说她让加尔各答这座城市和贫困画上了等号，在全世界起到了负面宣传的作用。更不用说，她一直面临教派矛盾和种族冲突，随时都可能有人冲过来高喊"滚出去"。但是她没有退缩，坚持以自己朴素的方式帮助穷人。她的修女会遍及全球125个国家，共有550座修女院，数百所贫民学校、医院、救济所和孤儿院，她一生都在奋力拯救那些在贫穷和苦难中挣扎的平民。

特蕾莎修女创建的仁爱传教修女会有4亿多美金的资产，全世界最有钱的公司都争相给她捐款。但是她一生却坚守贫困，她住的地方，只有两样电器，一个是电灯，一个是电话。她的全部财产是一个耶稣像，几件衣服，一双凉鞋。她平时不穿鞋，因为很多印度穷人没有鞋穿，如果她的脚上有鞋子，看到穷人也会把鞋子送给他们，这个习惯一直到她逝世。

特蕾莎选择放弃富裕的生活而去帮助那些生活痛苦的人们，这种高贵的品质并非那些妄想用财富来显贵的人能够体会到的。精神的高贵源自于对生命的尊重和对人性尊严的尊重。气质与精神的富足也正是通过给予他人的帮助和社会的贡献才得以实现的。事实证明，往往想利用高档香槟、红酒、名车、高尔夫等所谓的高级物质来显示自己身份高贵的人，往往才是最为短视之人。人之高贵，不在于地位，不在于金钱，不在于华丽的衣裳，不在于丰盛的晚餐。人之高贵，全在于内心的高贵。外在的东西固然重要，但并不是幸福的必需。富而不贵，富而庸俗，富而空虚，是暴发户的精神写照。

高贵不存在于血脉，而源自于内心。高贵似黄金，高贵是一种精神信仰，一个内在高贵的人即使身处异地，也不会因命运的践踏而枯萎，他能用他的高贵去赢得赞许，征服他人。

总之，高贵离不开一点：内心的完美。如果没有良好的道德品质、完美的内心世界，再漂亮的外表，也只能充当服装店里的衣架子而已。

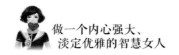

优雅气质来自于真我的魅力

女性真正的美源于特有的气质。这种气质对男性或女性都有着异常的吸引力。

女人可以不美丽，但是绝不能没有气质。花容月貌让女人美一时，气质让女人美一生。女人飘逸脱俗的气质之美，很大程度上决定了女人一生的幸福。从这个意义上说，气质是女人获得幸福的一大资本。

张芳是一位在国外教中文的老师。有一次，她在瑞士日内瓦给一个瑞士女孩辅导中文。这个女孩在英国伦敦读大学，暑假返回日内瓦与家人团聚。相识一段时间之后，张芳开始有些不解，这样一个端庄贵气、礼数周全的女孩，为何在日常花销上如此谨慎，节俭得甚至有些过分？难道因为她仍旧是个学生？

一个周末，张芳应邀去参加她的家庭Party。她优雅地候在宅院门口迎接客人，身后那栋略带古堡风格的三层小别墅，在十几亩修葺整齐的绿地的映衬下显得有些矮小和老旧。连接这座普通民宅与远处高速公路的是一条弯曲而漫长的柏油马路，它隔开了城市的喧嚣与乡村的宁静，也连接着现代文明和传统文化。

进入"古堡"，张芳一眼就能看到楼梯间和过道的墙面上满满地挂着各种服饰和人物仪态的老旧图样。女孩告诉张芳，这些图样是她祖母的祖母传下来的，是她们言谈举止的礼仪规范。从她咿呀学语时，这些图样就是她的启蒙读物，她的母亲就是她的第一位启蒙老师。而她母亲则从她外婆那里学会了这些规矩，将来她也会把这些东西继续传授给她的孩子。张芳问她，图上的很多服饰早都过时了，这样世代相传有什么意义呢？"气质，"她毫不犹豫地回答道，"外在的东西永远都是变化的，再流行的东西也会有过时的那一天，唯有气质来自于数代的积淀和修炼，历久弥新。"后来，张芳才知道，她出身于英国一个没落的贵族家庭，岁月的变迁让她失去了原有的财富与社会地位，但那种与生俱来的贵族气质依旧令人动心。

　　真正的优雅不是故作姿态装出来的，而是自内而外散发出的优雅气质，内敛而不张扬，端庄而不做作，让人心生敬意。

　　气质，代表人的一种品格，是全方位的综合体现，它不以身份、地位而转移，是从骨子散发出来的气场。一个真正的贵族，即便没有锦衣玉食的衬托，生活简朴，也能通过端庄的形象、礼貌的谈吐等一系列日常的行为举止传递给人优雅的印象。

　　气质，不可模仿，也模仿不了。在现实生活中，有相当数量的女人只注意穿着打扮，并不怎么注意自己的气质是否给人以美感。诚然，美丽的容貌，时髦的服饰，精心的打扮，都能给人以美感。但是这种外表的美总是肤浅而短暂的，如同天上的流云，转瞬即逝。如果你是有心人，则会发现，气质给人的美感是不受年纪、服饰和打扮局限的。一个女人的真正魅力主要在于特有的气质，这种气质对同性和异性都有吸引力。这是一种内在的人格魅力。

　　身为英国女王，伊丽莎白二世的气质可能是女人所能呈现出来的最优雅状态。这种完美并不依赖于王冠为她带来的耀眼光芒，而是源于她高贵的气质。

　　从公主到女王，伊丽莎白二世一直在跟随时代不断转换着自己的

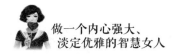
形象，而她稳定的个性、形象与责任感和这一切所带来的持久威信始终未变。虽然私生活一直是媒体所追逐的对象，但是在英国王室一贯持有的保护隐私的原则之下，伊丽莎白二世不仅显得神秘，更让人琢磨不透。

女王在英国人民中的威信非常高，就连一向挑剔的英国报界也极少批评她。她冷静而又严肃，虔诚而富有爱心，而这些特征早已成为了英国女性的道德典范。虽然时代的进步令王权的至高无上被瓦解，但女王的威信依然存在，这得益于她始终端庄的言行和高贵的气质。

气质是能力、知识、阅历、情感、生活的一种综合外在表现，来自丰富的、深厚的信仰与底蕴，是着急不得、模仿不来的。

气质美看似无形实有形，通过对待生活的态度、个性特征、言行举止等表现出来，外化在举手投足之间。谈吐自如是一种风度，笑对群儒是一种境界，巧舌如簧是一种能力，这些都是气质所张扬出来的美。

女人的气质犹如花之魂、水之韵、松之魄，无影无形，很难用语言形容。诗人徐志摩曾被一位日本少女的温柔气质所感动，写下了著名的诗句："最是那一低头的温柔，像一朵水莲花不胜凉风的娇羞……"而现代女性越来越讲究内外兼修，在气质的修炼上纷纷找准从文化入手的捷径。于是乎，女人的气质便演化为高贵、性感、情趣、妩媚或神秘。

著名女主持人、企业家靳羽西不靠追赶时髦，而是依靠自己的气质彰显独特的魅力。一本《魅力何来》，使她魅力四射。靳羽西是个成功和有魅力的女人的典型代表，《纽约时报》称她为"中国化妆品王国的皇后"，她是美国电视六强人之一，她影响了一代的中国人和电视主持人。她获得了许许多多的成就奖，同时更是个漂亮的充满女人味的女人。她很聪明，在25岁以后给自己的衣着打扮做了定位。

25岁以前，她也和爱赶新潮的年轻人一样，尝试新的东西，极喜欢冒险，并显示自己的与众不同。她那时赶时髦，追流行，把头发染成金色，涂蓝色的眼影。25岁以后，她开始知道什么才是使自己漂亮的东西。也可以说，她从盲目地追求流行中进行了反省。

因此，靳羽西从此不再花时间和金钱去追求那些虽然流行但并不能使她变得漂亮的时髦。为了工作，为了成功，她需要一个成熟的、有品位的自我形象。她选择的"整齐流海、扣边的短发"发型，既使她看上去比同龄人年轻，又保持了她内在的不老的青春活力；既不妖冶，又很朴素高雅。这一发型似乎成了她生活的固定选择。远远看去，就知道是靳羽西形象。她对流行色有独到的见解，能使皮肤白嫩些、细腻些、年轻些、更漂亮些的颜色就是永恒的流行色。在大家追求和崇尚西方的金发碧眼时，靳羽西却认为亚洲人的黑发就是美，她保留了黑发的黑、真的特点，她不认为黄皮肤是丑的，相反，她觉得这是人种的象征，也是美丽肤色的一种，关键是要使这种肤色成为一种健康色，打扮的结果是要使这种肤色更美丽，而不是要改变它。显然，她的定位——新色彩、新风格和新服装使她光彩照人，她的形象设计得到了全世界的认可。她的独特的气质使她永远充满魅力。

气质是一种永恒的诱惑，因为它不是单靠外貌就能获得的，还要拥有丰富的智慧与常识，拥有迷人的气度与较高的综合素质。气质可以让一个人在人群中脱颖而出，也可以让一个人获得更多朋友和支持。气质与修养不是某些人的专利，它是属于每一个人的。气质与修养也不是和金钱、权势联系在一起的，无论你何种职业、什么年龄，哪怕你是这个社会中最普通的一员，你也可以拥有你贵族的气质与修养。所以，气质对于每一个人来讲都是公平的，每一个人都能够得到气质精灵的宠爱，每一个人都有机会展现自己独特的气质。

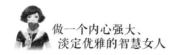
居里夫人曾说过："17岁时，你不漂亮，你可以怪罪于母亲，因为她没有遗传给你好的容貌；但是，30岁时你依然不漂亮，你就只能责怪自己了，因为在那漫长的日子里，你没有往生命里注入新的东西。"

气质不是一朝一夕养成的，它是一种精神的气场。它不是时髦、不是漂亮，也不是金钱所能代表的生活方式，它常常是一种纯粹的细节所衬托出来的点点滴滴。

真正高贵脱俗、优雅绝伦的气质，需要的是全方位的修炼和岁月的不断沉淀，如梦中的一抹花影，像生命的一缕暗香，渗入人的骨髓与生命之中，让人们面对岁月的无情流逝时，仍然能够拥有一份灵秀和聪慧，一份从容和淡定……所以说，优雅的气质并非用金钱、权力这些身外之物可以伪装，而是通过内心的升华才能呈现在世人面前，即内心的优雅才是真正的优雅。